日本の古代国家誕生

飛鳥・藤原の宮都を世界遺産に

五十嵐敬喜、岩槻邦男、西村幸夫、松浦晃一郎　編著

第一章　「飛鳥・藤原」の歴史と概要

飛鳥・藤原京の時代

「日本国」誕生の時代とその舞台

木下正史
東京学芸大学名誉教授

飛鳥・藤原地域に宮都が置かれた時代

飛鳥・藤原京の時代は、明治維新と並ぶ日本の政治、社会、宗教、文化の大きな転換期であった。五九二年、推古天皇が豊浦宮《とゆらのみや》で即位して以来、和銅三年（七一〇）に元明天皇が平城京に遷都するまでの約一二〇年間、歴代天皇は飛鳥とその周辺に宮都を営んだ。この間、飛鳥・藤原地域は政治・文化の中心地であり続けた。

三世紀から六世紀後半にかけての時代は、「前方後円墳の時代」であり、ヤマト王権の下に各地の豪族層が連合する政治体制の時代――連合国家「倭国」の時代であった。六世紀末、前方後円墳の築造が停止され、七世紀を通じて古墳は変質し、衰退する。

飛鳥・藤原京の時代は、天皇を頂点とする律令制による中央集権的な統一国家が作りあげられていった時代であり、この国家を、唐を中心とした東アジア社会に対して「日本国」と名のり、最高統治者を「大王」から「天皇」と称するようになる。

統一国家「日本国」を築きあげていく過程で、様々の変革が飛鳥・藤原地域を中心舞台として始まった。政治・行政制度、官僚組織、官位制が整備される。戸籍が造られ、人民の一人一人が国家によって掌握されるようになり、それをもとに班田制や税制が整備されていく。中央の京・畿内と国郡などの地方の行政区分の整備が進み、地方官衙が設けられ、都と地方を結ぶ交通・通信網が整備されていく。

『日本書紀』大化二年（六四六）三月の薄葬令には、『魏志』武帝紀などを引きながら、大きな古墳を作ること、多くの副葬品を納めることは愚俗で、こうした愚かな旧俗は一切止めるよう命じる記事が見える。国家を作りあげるには、古墳築造という文明以前の旧い愚俗を棄てて、文明化という社会全体の変革が必要だと、社会は新たな段階に入ったと述べる。飛鳥・藤原京の時代は文明開化を成し遂げていった時代であったのである。

「日本国」を作りあげ、飛鳥の新文化を育んだ大きな原動力は、隋・唐、百済《くだら》《ベクチェ》・高句麗《こうくり》《コグリヨ》・新羅《しらぎ》《シルラ》など東アジア諸国との濃密な交流であった。五世紀以来、百済・高句麗・新羅・伽耶《かや》《カヤ》から多くの人々が渡来し、飛鳥とその周辺や河内に集住して東漢氏《やまとのあやうじ》・西漢氏《かわちのあやうじ》と呼ばれ、その後も「今来《いまき》の漢人」が次々と渡来してきている。百済との交流はとくに濃密であり、仏教や道教、様々の文化、知識・技術が伝えられる。

七世紀初頭以来、遣隋使や遣唐使が派遣される。推古朝に遣された留学生・留学僧の南淵請安《みなみぶちのしようあん》・高向玄理《たかむこのくろまろ》・旻《みん》らはいずれも渡来系の人々であった。彼らは長安で数十年に及ぶ留学生活を終え、隋唐の最先端の政治・社会制度、思想・知識、技術、文化を身につけて帰国し、その後の政治、ことさら大化改新後の国家の形成に、新文化の形成に大きく寄与することになる。斉明・天智朝にも遣唐使が頻繁に派遣されており、中国系の最先端の科学技術が導入される。百済が滅亡した六六〇年頃、百済政権を担った貴族層が多数亡命し、彼らも政治・文化の進展に大きく寄与することになる。

飛鳥・藤原地域には、中央集権国家「日本国」が作りあげられていく過程を物語る宮殿・官衙・祭祀儀礼施設・庭園・寺院・古墳など様々の遺跡が濃密に分布している。『日本書紀』や『万葉集』に記された宮殿や邸宅、寺院、庭園、墳墓などがあり、それらに因む地名が今も数多く残る。これらは飛鳥・藤原地域の広域に分布しており、面的に間断なくつながっている。しかも幾層にも重層しており、どこを発掘しても飛鳥・藤原京時代の遺構や遺物が良好な姿で発見される。一つの巨大遺跡と言うこともできる。

飛鳥・藤原地域の発掘は一九三三年の石舞台古墳《いしぶたい》、一九三四~四三年の藤原宮跡の大発掘で本格的に始まる。一九六八年からは休まず発掘調査が続けられており、宮殿・寺院・墳墓の変遷過程が詳細に明らかにされると共に、変遷の相互関係をたどることができる。

飛鳥は、なぜ宮都の地となったのか、蘇我氏を抜きにしては考え難い。蘇我氏は、六世紀中頃から七世紀中頃にかけての約一〇〇年間、稲目《いなめ》・馬子《うまこ》・蝦夷《えみし》・入鹿《いるか》の四代にわたって権勢を誇り、古代国家形成の揺籃期に政治・経済・外交・文化などを主導した。仏教の受容を積極的に進めて、飛鳥文化の生成に大きな役割を果たした。

蘇我氏は稲目・馬子の時に、先進的な東漢氏など渡来人を傘下に置きつつ、畝傍山《うねびやま》の東から甘樫丘《あまかしのおか》一帯へ、さらに飛鳥盆地内へと拠点を拡大して、勢力を巨大化させていった。そして、崇峻元年(五八八)、馬子は物部守屋《もののべのもりや》を滅ぼして絶大の権力を握り、飛鳥盆地の真中に日本最初の本格的寺院・飛鳥寺を建立する。飛鳥寺は飛鳥盆地内に築かれた最初の本格的施設であって、それは飛鳥時代の幕開けを告げる大記念物と言えるものであった。

五九二年、推古天皇は飛鳥の豊浦宮で即位する。飛鳥最初の宮殿である。推古天皇は馬子の姪であり、蘇我系の血筋につながる。また、豊浦の地は稲目以来、蘇我氏の拠点の地であって、蘇我馬子が豊浦宮への遷宮を主導したものと思われる。

古墳文化の変容、衰退、終焉

推古天皇は薄葬改革を推し進める。前方後円墳を造ることを停止して、天皇陵などに方墳を採用し、規模も急激に小型化する。墳形や規模によって身分を表示する制度・体制からの脱却である。方墳の採用は、中国や高句麗の墓制の影響であろう。舒明天皇没後、天皇特有の墳墓形態として八角形墳が創出され、以降、斉明、天智、天武・持統、文武の各天皇陵に引き継がれる。規模はさらに縮小化して、最大でも四〇メートルほどとなる。

埋葬施設は、七世紀初頭頃には六世紀以来の横穴式石室が引き継がれ、自然石積みの巨大横穴式石室が築かれる。七世紀中頃には切石による横穴式石室を採用され、やがて小型化していくが、石室内に家形石棺を納める風習は七世紀中頃まで続く。

七世紀後半には、百済系の横口式石槨《せっかく》が主流となり、木棺や漆塗棺を石槨内に納めるようになる。副葬品は著しく減少し、唐製品が加わる。身分に応じて、規模・埋葬施設を規制する制度も整えられ、古墳文化は痕跡を止める程度となる。八世紀初頭造営の中尾山古墳では、狭い横口式石槨内に火葬骨壷が納められており、古墳は終焉する。

七世紀には風水思想に基づく造墓が始まり、七世紀後半には定着する。宮殿が飛鳥盆地内に定着する七世紀中頃以降、陵墓の地は飛鳥西南方の檜隈・真弓などの丘陵地に固定されてくる。

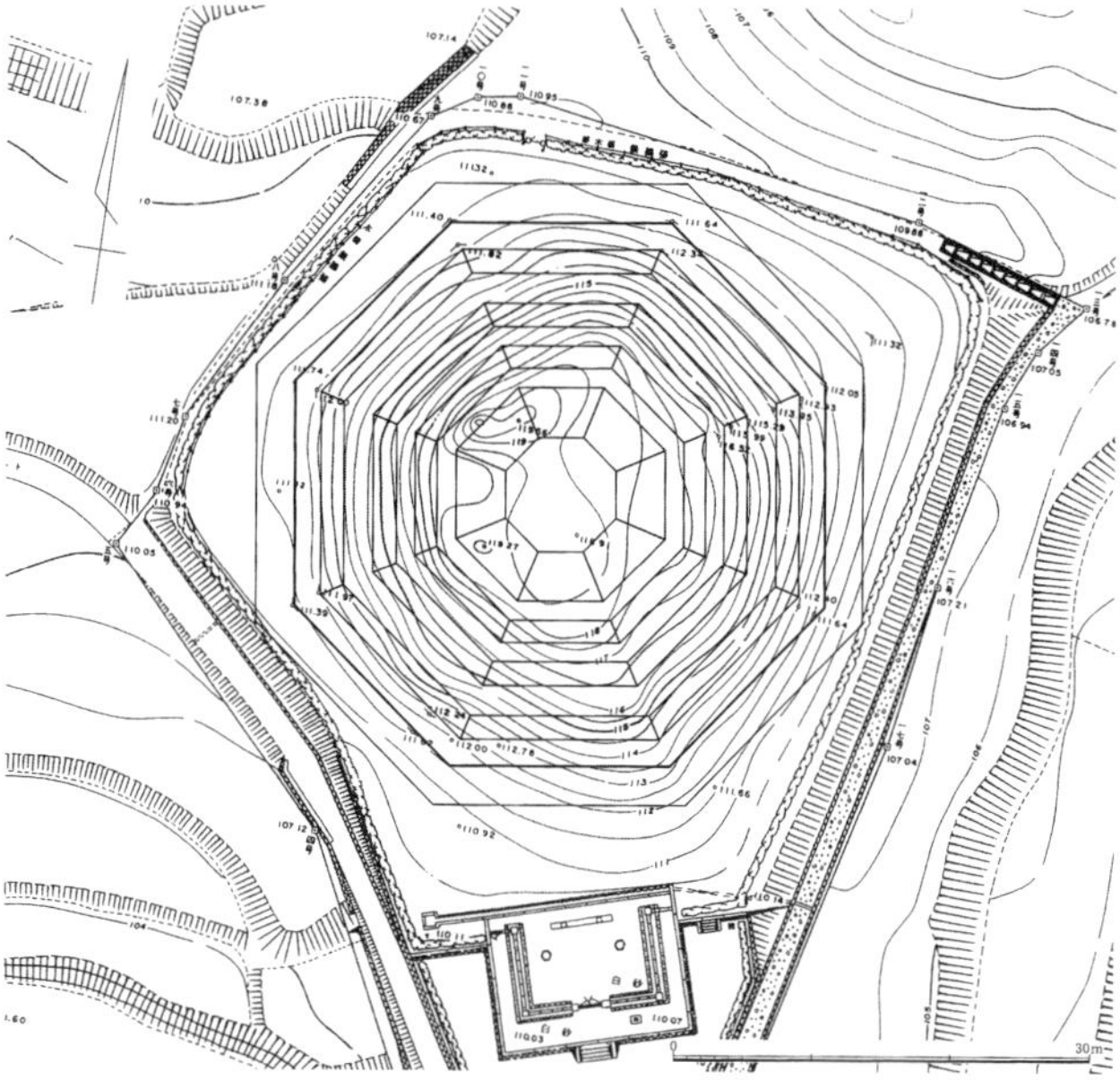

檜隈大内陵（天武・持統天皇陵）の墳丘測量図

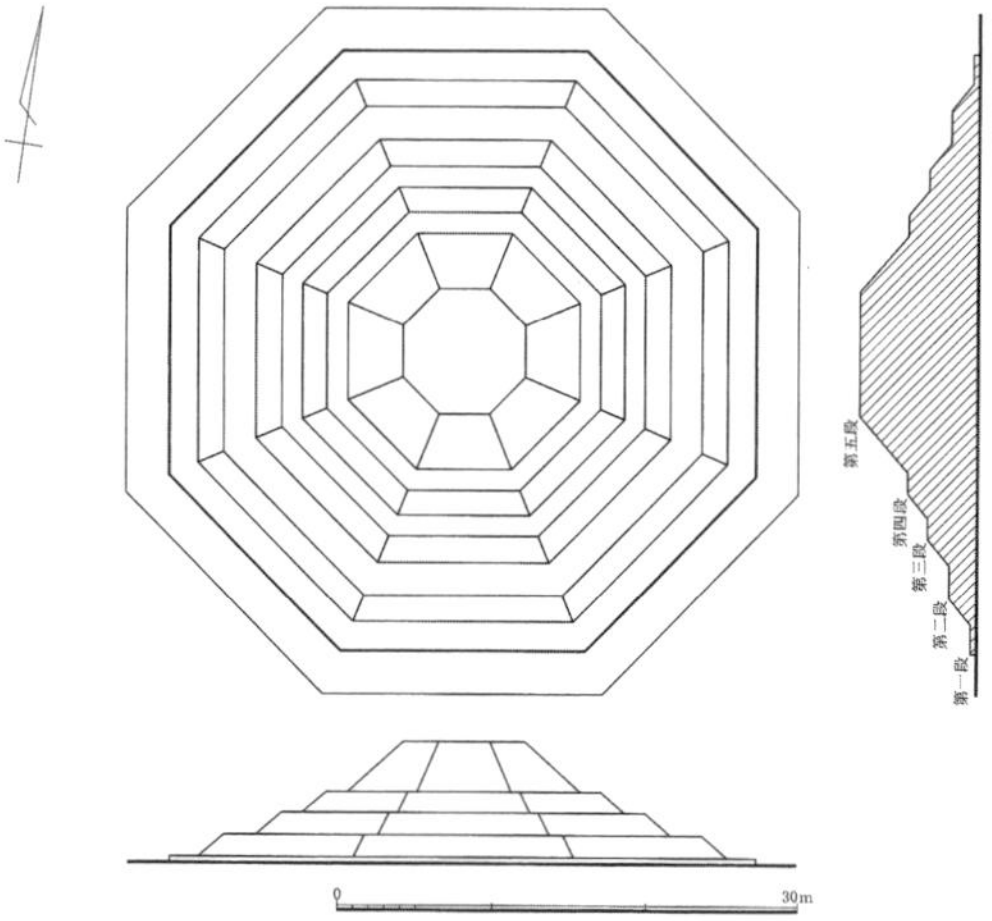

檜隈大内陵（天武・持統天皇陵）の復元模式図

飛鳥の宮殿構造の変遷、京の成立

宮殿構造は、大王（天皇）権力の動向、行政機構や官僚制の整備・展開と深く関わって変遷している。推古天皇の小墾田宮《おはりだのみや》は、南の朝堂・朝庭、北の大殿（内裏）の一郭から構成されており、後の本格的宮殿に継承される宮殿の中枢部の基本型が成立している。

舒明二年（六三〇）、初めて飛鳥盆地内の南部に飛鳥岡本宮が営まれ、飛鳥へ宮殿が定着する契機となる。舒明一一年（六三九）には、磐余《いわれ》の百済川辺に百済大宮と百済大寺が造営される。民を徴発して長期間をかけて造営されており、百済大宮は壮大な宮殿であったと思われる。乙巳の変後の孝徳天皇の難波長柄豊碕宮《なにわのながらのとよさきのみや》では、朝堂院・内裏の構造が飛躍的に整備され、これら中枢施設の東西に官衙を一体的に配置する面積四六ヘクタールに達する大規模かつ画期的な宮殿が造営される。

飛鳥還都後の斉明天皇の後飛鳥岡本宮は、飛鳥宮跡上層遺構がそれにあたるとされ、それは内郭（内裏）と外郭とから構成されている。面積は十数ヘクタールであろう。内郭では、三棟の正殿が中央部に南北に連ねて配置されているが、朝堂については明確になっていない。

七世紀中頃以降、官僚制・官位制の整備が進んで、官僚層が増大してくると共に、官僚層が政治実務を執る官衙を新たに増設する必要が高まってくる。狭い飛鳥盆地内に営まれた宮殿という制約があったため、官衙は外郭内に配置する一方で、宮殿外で飛鳥盆地の各所にも分散して設けられている。斉明六年（六六〇）に皇太子中大兄皇子が初造した漏刻台の飛鳥水落《みずおち》遺跡［14ページ］、服属儀礼施設の石神遺跡、祭祀施設の酒船石《さかふねいし》遺跡はその代表例である。

天武・持統天皇の飛鳥浄御原宮《あすかのきよみはらのみや》は後飛鳥岡本宮を継承しており、一部改造を加えて成立する。大きな改造は、内郭の東南方に掘立柱塀で囲んだ一郭内に「エビノコ」大殿が新営されたことである。

飛鳥から藤原を眺める（大和三山に囲まれた中に藤原宮がある）

石舞台古墳

牽牛子塚古墳の横口式石槨の入口

この建物は『日本書紀』に「大極殿」とある建物に相当する。

天武朝には、行政機構・官僚制度の整備が一層進むが、飛鳥浄御原宮の構造は、後飛鳥岡本宮と大きな変化はなく、飛鳥浄御原宮は新しい政治を目指す天武朝の政治・行政には対応できない大きな制約を内包していたものと思われる。なお、天武朝の民官は、飛鳥浄御原宮外で、雷丘《いかづちのおか》付近に所在したと考えられる。

飛鳥の諸宮の建物は、すべて屋根に檜皮や板などを葺いた掘立柱建物であり、かつ高床建物が多くを占めた。伝統的な建物が採用されており、礎石建瓦葺き、土間床の大陸様式の宮殿建物は未だ登場していない。飛鳥諸宮の大きな特徴の一つである。

七世紀後半の飛鳥盆地の平坦地は、宮殿とその付属施設、官衙、大寺などでほとんど埋め尽くされる。皇子宮や有力豪族層の邸宅や氏寺は、盆地内の平坦地のほか、盆地縁辺の傾斜地や盆地外にも構えられている。増大した官僚層も飛鳥周辺に集住するようになり、官僚居住区が形成されていく。『日本書紀』斉明五年（六五九）七月一五日条に、「群臣に詔して、京内の諸寺に、盂蘭盆経を勧講かしめて、七世の父母を報いしむ」とあり、この記事は、飛鳥に特別行政区としての「京《みやこ》」が存在していたことを示す最初の記事として注目されるものである。この飛鳥の京は、壬申の乱の記事に出てくる「倭京」と同じものであり、そして天武紀・持統紀に「京師《けいし》」の語が頻出する。この京は、天武九年（六八〇）の記事に「京内二十四寺」と見える寺院の分布状況から、相当に広域であったと考えることができる。

この「京」は、飛鳥初期以来の下ッ道・中ッ道・横大路・山田道などをその重要な基軸として建設されており、藤原宮や新益京《あらましのみやこ》跡の下層で発見されている条坊街路・街区は、この京内に施行された都市計画に伴うものである可能性が高い。

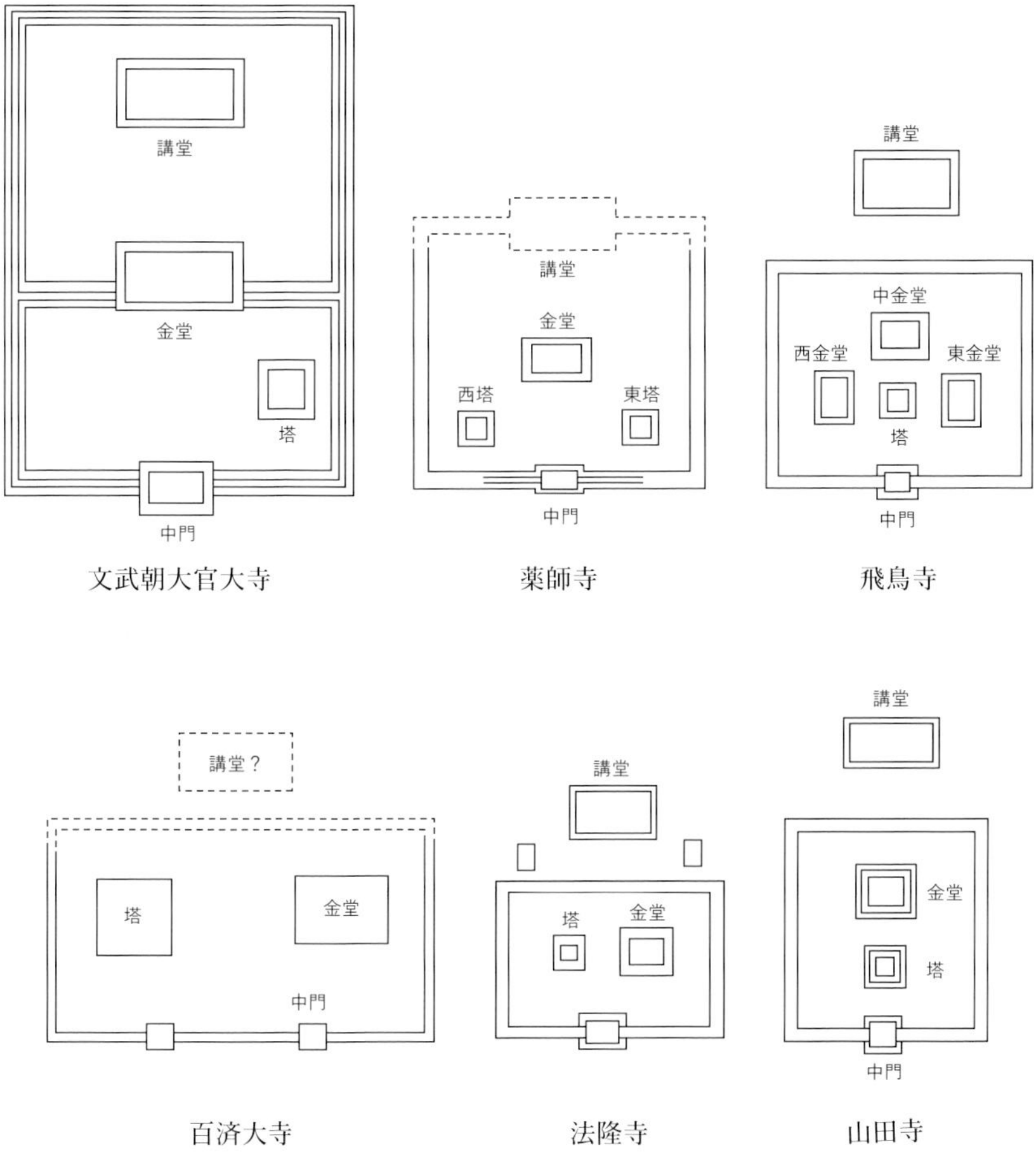

飛鳥諸寺の伽藍配置と規模比較

整備された飛鳥水落遺跡。甘樫丘の東側、飛鳥寺の西側に位置し、発掘調査で正方形建物遺構（漏刻台）が発見された

藤原宮跡（北からの眺め）

斉明六年（六六〇）五月、皇太子中大兄皇子が初めて漏刻を作って民に時刻を報せたとある新政策は、増大した官僚層の宮殿への朝参の刻限を明確な時刻制によって規制することを意図したもので、それは官人層の居住区を含む「京」の成立と深く関わるものであった。

仏教の伝来・受容と寺院の建設——新しい時代の象徴

五三八年、百済聖明王が仏教を公式に伝えてくる。蘇我氏と物部氏・中臣氏との間で、崇仏・廃仏をめぐって激しい抗争が繰り広げられた。物部守屋を滅ぼした直後の五八八年、蘇我馬子は飛鳥盆地の真中に初めて伽藍を整えた本格的寺院・飛鳥寺を造営する。こうして仏教は本格的な歩みを始める。飛鳥寺は百済から派遣された造寺工・瓦工らの指導のもと、東漢氏ら渡来系工人が参画して造営が進められる。飛鳥寺の伽藍は高句麗式の一塔三金堂であり、屋根に葺かれた軒瓦は百済様式のものであって、百済・高句麗の両要素が入り交じって伝えられ、受容されている。渡来系工人の鞍作鳥《くらつくりのとり》によって造像された丈六金銅釈迦如来像「111ページ」は今も飛鳥寺本堂の本尊として崇められている。飛鳥寺は元興寺・法興寺・法満寺の法号があり、まさに日本での仏法の始まりを告げる寺院であった。なお、飛鳥寺に最初に止住した僧は高句麗僧の慧慈《えじ》、百済僧の慧聡《えそう》であった。

推古二年（五九三）、天皇は聖徳太子・大臣蘇我馬子に仏教を興隆するよう命じており、諸王諸臣は天皇と親の恩に報いるために競って仏舎を造ったという。これが契機となって、推古朝以降、豪族層による寺院造営が盛んとなり、仏教は興隆期を迎える。推古三二年には、僧正《そうじょう》・僧都《そうず》を任命して僧尼を監督させることになり、飛鳥寺の渡来僧・観勒《かんろく》が僧正に、鞍部徳積《くらつくりのとくしゃく》が僧都に任命されている。同年、寺と僧尼が調査され、造寺の由来や出家の理由、得度の年月日などを記録させ、この時の寺は四六か寺があり、僧は八一六人、尼は五六九人を数えたという。

飛鳥初期の仏教や寺院は、蘇我氏の主導、氏寺、百済様式が主流となる特徴がある。そして、僧尼は百済や高句麗からの渡来僧や渡来氏族出身者であったことも特徴的である。

舒明一一年（六三九）、舒明天皇によって百済大寺が造営され、九重塔が建立される。天皇発願《ほつがん》の最初の寺院であり、「丁」を徴発して造営されている。百済大寺（吉備池廃寺）では法隆寺式伽藍が採用されており、金堂や九重塔、伽藍は飛鳥諸寺を遥かに凌駕する破格の規模のものであった。以降の諸寺の伽藍配置は百済式から脱却して、わが国独自の配置が展開していく。百済大寺での九重塔の建立は、東アジア諸国の国寺での鎮護国家仏教思想に倣ったもので、それは鎮護国家仏教、そして仏教国教化への出発点であった。その後、九重塔の造営は、天武朝の大官大寺、そして文武朝の大官大寺へ、国家筆頭大寺の象徴として引き継がれていく。

蘇我本宗家滅亡後、仏教は朝廷が主導するようになり、鎮護国家仏教への歩みを強めていく。斉明六年（六六〇）、斉明天皇は百済滅亡による唐・新羅連合軍侵攻に危機感を強め、鎮護国家の法会である「仁王会《にんのうえ》」を催している。天武・持統朝にはその動きはより一層明確さを加え、天武・持統天皇は、しばしば鎮護国家を祈る根本経典である仁王経や金光明経を京・畿内、諸国で誦経するよう命じている。

天武朝には三大寺制が制定され、天皇直願の大官大寺・川原寺と仏法元興の飛鳥寺が仏教政策の中心寺院として位置づけられる。新益京では、天武天皇が皇后の病気平癒を祈って建立した薬師寺が加わって四大寺制となる。薬師寺では回廊内に一金堂二塔を配置する新羅様式の伽藍が採用されており、二塔式伽藍は平城京大寺の基本形となっていく。

六世紀後半には、道教的思想も百済から伝えられる。それは七世紀中頃以降、仏教とともに政治を牽引する思想として浸透し、文明化を推し進める原動力となっていく。天皇称号や大極殿の呼称、八角形陵墓などは道教的な思想に基づくものである。斎串《いぐし》・人形・土馬など道教的な呪術具も多く出土するようになり、道教思想は着実に定着していく。いっぽうで、山岳信仰、河神崇拝、聖樹崇拝など古くからの伝統的な自然崇拝も色濃い。

古代律令国家「日本国」の成立と遷都——藤原宮・新益京の建設

一〇〇年間の模索を経て、律令国家「日本国」が作りあげられる。天武天皇時代には、浄御原令《きよみはらりょう》の編纂、八色の姓、官位四八階制、行政組織の整備、畿内・国評制、官寺制の制定など画期的な政策が推進される。そして「日本国」号や「天皇」称号も始まる。

天武天皇がめざす新しい政治を遂行するには、飛鳥盆地は狭すぎた。遷都の模索は天武五年に始まっており、天武一三年（六八四）三月、藤原の地への遷宮を決定する。天武天皇の病と崩御によって建設は頓挫し、藤原宮と京の本格的な建設は持統天皇に引き継がれる。持統五年（六九一）の新益京、六九二年の藤原宮の鎮祭を経て、持統八年（六九四）一二月に遷都が実現する。六八九年には浄御原令が編纂される。持統天皇にとっては、浄御原令の完成と藤原宮・新益京の建設は新しい政治をめざした天武天皇の遺志の実現であった。

藤原宮は、約一キロ四方と広大な範囲を占めた。中央に南から北へ朝堂院・大極殿院、内裏が並び、これら中枢施設の東西が中央官庁域にあてられており、諸施設を一体的に集約した機能的な本格的宮殿が成立した。朝堂・大極殿など政治の中枢施設では、初めて礎石建瓦葺きの大陸様式の宮殿建築が採用され、天皇が政治・儀式を行う正殿として本格的な大極殿が出現する。天皇が日常生

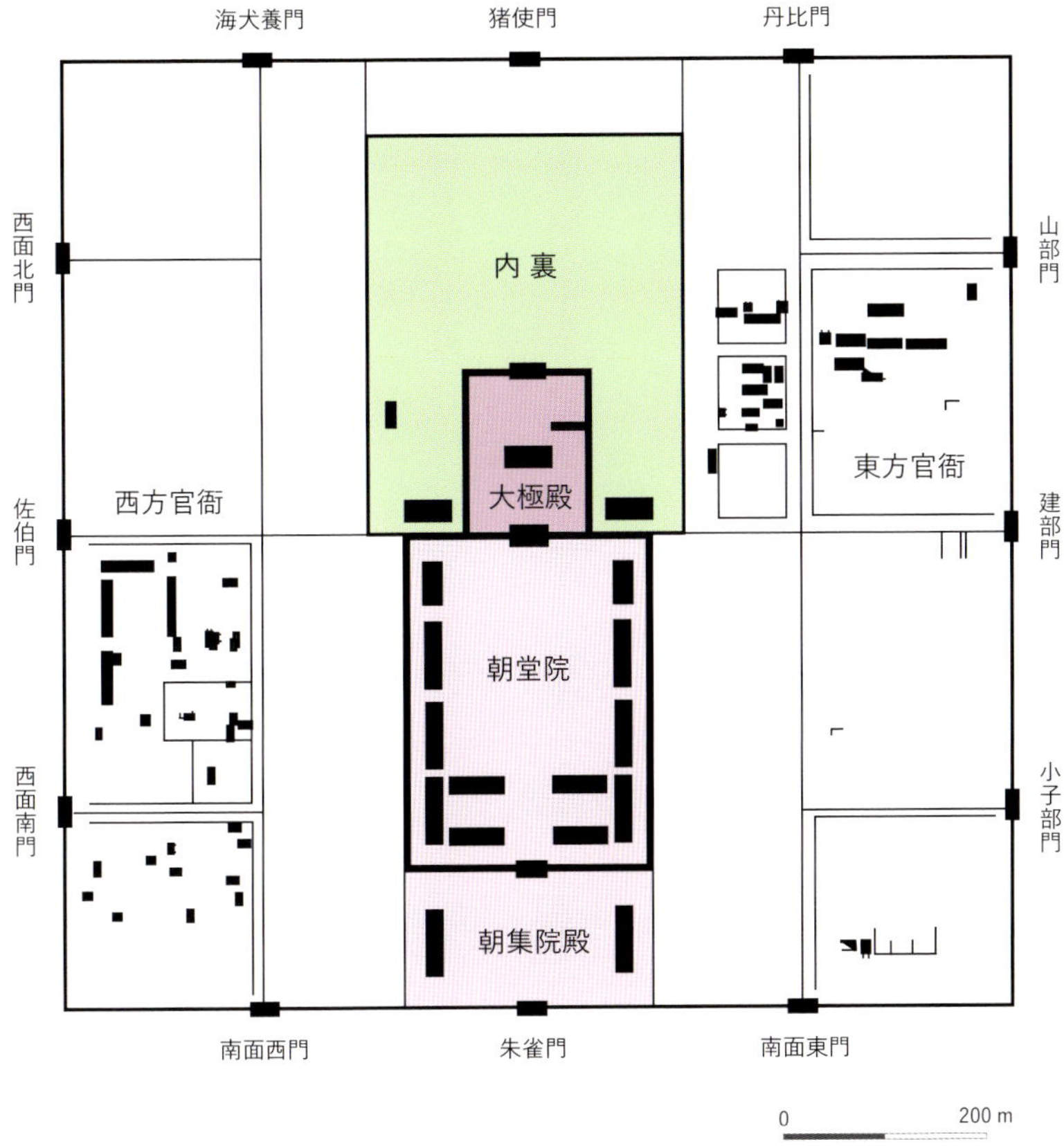
海犬養門
猪使門
丹比門
西面北門
山部門
内裏
大極殿
西方官衙
東方官衙
佐伯門
建部門
朝堂院
西面南門
小子部門
朝集院殿
南面西門
朱雀門
南面東門
0
200 m

藤原宮の諸施設の配置

活を送る内裏の建物は、伝統的な高床張りの掘立柱建物であり、官衙の建築でも掘立柱建物が採用されている。こうして藤原宮では、飛鳥諸宮から面積・構成・構造ともに大きく飛躍を画した画期的な宮殿ができあがった。

それは中国古代の宮城・皇城に倣ったものではあるが、規模だけでなく、構造上も大きな違いがあった。たとえば唐長安城では、太極殿を中核とする宮城と官庁区である皇城とはそれぞれ独立した一郭をなし、北に宮城、南に皇城が配置されている。これに対して、藤原宮では宮城と皇城を一体的に取り込み、コンパクトにまとめあげている。そして、藤原宮で成立した構造は、平城宮以降の古代宮殿へ引き継がれている点でも意義深い。

藤原宮の周囲には政治都市が設けられ、新益京《あらましのみやこ》と呼ばれた。新益京は碁盤目状に東西・南北に街路を通して街区を整然と区画したわが国最初の条坊制都城が成立した点で画期的であった。最近では、新益京は南北十条、東西十坊、すなわち十里（五・三キロ）四方の京域で、その京域の中央に藤原宮を配置した『周礼』考工記が記載する古代中国の理想の都城を具現したという説が有力となり、定説化した感がある。十里四方の周礼型都城説は魅力的な説ではあるが、斉明朝以来の京、天武紀に見える「倭京」・「新城」、京師などとある「京」との関係、藤原宮や薬師寺の下層など広域で発見されている条坊遺構との関係、下ツ道や中ツ道、山田道、横大路など前代以来の幹線道路が重要な位置を占めていることとの関係などなど解決しなければならない課題が多々ある。ともあれ、こうして古代中国の宮都の制度に学んだ日本最初の本格的宮殿・藤原宮と条坊制都城・新益京が出来あがる。

なお、街区は「小治町」「軽坊」「林坊」など飛鳥時代以来の地名によって呼ばれており、新益京は飛鳥で育まれた伝統の上に、それを整備・拡充して成立した状況を窺わせている。

文武五年（七〇一）、大宝律令が完成する。同年三月には最初の元号「大宝」が立てられ、三十余年ぶりに遣唐使派遣が決定される。この遣唐使は、「日本国」と名のることを唐皇帝に正式に伝えるための派遣でもあった。

『続日本紀』文武五年正月朔日条には、「天皇、大極殿に御して朝を受ける。その儀式は、正門に烏形幢、左に日像・青竜・朱雀の幡、右に月像・玄武・白虎の幡を樹《た》て、蕃夷の使者が左右に陳列した。文物の儀は是に備わった」とある。元旦朝賀の儀式とは、天皇が貴族や臣下から年賀を受け、君主と臣下との関係、天皇の大権を確認する国家最重要の儀式であり、天皇の即位式と並ぶ「大儀」であった。令には、朝賀と即位の「大儀」では、大極殿前の中央に銅烏幢、その東西に日像と月像、四神像の七本の宝幢を立てる規定があり、『延喜式』(九二七年)にも同様の規定が見える。

最近、藤原宮大極殿院南門前で、大宝元年の元旦朝賀の儀式で樹てた幢幡《どうばん》遺構が発見され、「日本国」誕生の盛大な儀式の様子が蘇ってくる。

古代中国では、皇帝・天子は天界の絶対神である天帝の子として、天帝の命を受けて地上の統治を代行すると考えられた。魏の王宮や唐長安城では、皇帝政治の正殿は「太極殿」と呼ばれており、それは天帝の常居である太極星(北極星)に基づく命名であった。藤原宮では初めて本格的な「大極殿」が建設され、「天皇」の称号も始まっている。これも古代中国の政治理念に倣ったものであった。

高松塚古墳とキトラ古墳では天文図・星宿図とともに四神図、日月図が描かれている。それは古代中国の宇宙観に基づく図像であって、天地の秩序が整い、地上の統治が正しく永遠に続くことを願い描いたものである。壁画の内容は元旦朝賀や即位儀式で大極殿前に立てる七本の幢幡と共通しており、道教的な陰陽五行説に基づくものである。

高松塚・キトラ古墳の壁画は、古代国家「日本国」が飛鳥・藤原の地で確立した頃の政治や文化、その思想背景と共に、濃密な国際交流を目に見える形で伝えてくれる。

復元された平城宮第一次大極殿。藤原宮大極殿を移築したとされる

「飛鳥・藤原」関連年表

西暦	年号	出来事
538	欽明7	百済より仏教伝来（552年説もあり）
588	崇峻元	飛鳥寺造営開始【飛鳥寺跡】
592	崇峻5	推古天皇、豊浦宮で即位
603	推古11	推古天皇、小墾田宮へ遷る
604	推古12	聖徳太子、十七条憲法を定める
607	推古15	小野妹子、遣隋使として派遣される
609	推古17	飛鳥大仏が完成する
626	推古34	蘇我馬子、桃原墓へ葬られる【石舞台古墳】
630	舒明2	舒明天皇、飛鳥岡本宮へ遷る【飛鳥宮跡】
636	舒明8	飛鳥岡本宮焼失
639	舒明11	百済宮、百済大寺造営を開始
641	舒明13	山田寺の造営開始【山田寺跡】
643	皇極2	飛鳥板蓋宮へ遷る
645	皇極4	乙巳の変　板蓋宮で蘇我入鹿暗殺
645	大化元	孝徳天皇、難波長柄豊碕宮へ遷る
655	斉明元	飛鳥板蓋宮焼失
656	斉明2	後飛鳥岡本宮に遷る 宮の東の山に石を累ねて垣とす【酒船石遺跡】
660	斉明6	中大兄皇子が漏刻を設置する【飛鳥水落遺跡】
663	天智2	白村江の戦い　倭と百済遺民の軍、唐・新羅に大敗
667	天智6	斉明天皇・間人皇女・大田皇女を葬る【牽牛子塚古墳】 近江大津宮に遷る
672	天武元	壬申の乱　天武天皇、飛鳥浄御原宮へ遷る
677	天武6	高市大寺、大官大寺と改められる【大官大寺跡】
680	天武9	薬師寺の造営開始【本薬師寺跡】
684	天武13	天武天皇、京師巡行。宮室の地を定める
685	天武14	天武天皇、白錦後苑に行幸する【飛鳥京跡苑池】
688	持統2	天武天皇を大内陵へ葬る【天武・持統天皇陵】
690	持統4	高市皇子、持統天皇、藤原の宮地を観る
691	持統5	新益京の地鎮を執り行う
694	持統8	持統天皇、藤原宮に遷る【藤原宮跡】
701	大宝元	元日朝賀「文物の儀、是に備れり」 大宝律令完成（翌年施行）
707	慶雲4	文武天皇、檜前安古山稜に葬られる【中尾山古墳】
708	和銅元	和同開珎が発行される
710	和銅3	元明天皇、平城京へ遷都

「飛鳥・藤原」の構成資産の概要と魅力

持田大輔
奈良県文化資源活用課主査

はじめに

「飛鳥・藤原の宮都とその関連資産群」（以下「飛鳥・藤原」）は、奈良盆地の南端、行政区分では橿原市、桜井市、明日香村をまたぐ地域にある。現在二〇件から成る構成資産群は、北は大和三山の耳成山《みみなしやま》、南はキトラ古墳までの約七・四キロメートル、東は山田寺、西は畝傍山の約五・三キロメートルといった、比較的狭い範囲に集中している。

「飛鳥・藤原」といえば、歴史や考古学に興味があれば、『日本書紀』『続日本紀』などに登場する人物や歴史の舞台となった遺跡群を、『万葉集』や文学に興味があれば、悲喜こもごもの歌とその背景にある人間模様や、甘樫丘《あまかしのおか》や雷丘《いかづちのおか》、飛鳥川など歌に詠まれた地の風景を、あるいは漠然と「日本の原風景」ともいうべき棚田の田園風景を思い浮かべるかもしれない。一人ひとり、それぞれの「飛鳥・藤原」のイメージがあるにちがいない。

こうした多様な想像を生み出す背景には、毎年のように新発見のニュースをもたらしている発掘調査や考古学研究の成果も多分にあるだろう。地下に良好な状態で保存されている遺跡は、足元を掘れば何かが見つかる状態で、古代都市の全貌が明らかになる日を今かと待っている。さらに、歴史書『日本書紀』『続日本紀』や、とりわけ日本最古の歌集『万葉集』に記された「飛鳥・藤原」の物語や風景は、千年以上にわたり日本人に受け継がれ、さまざまな芸術分野にインスピレーションを与えてきた。

本稿では、古代日本の国づくりの舞台となった飛鳥・藤原の地から、世界遺産登録に向けた構成資産やその候補、関連する遺跡を中心に、その概要と魅力を見ていきたい。

飛鳥諸宮と藤原宮

「飛鳥・藤原」は、政治の中心であった「飛鳥宮」と「藤原宮」が核となっている。

現在、「飛鳥宮跡」として史跡に指定されている遺跡は、現在の村中心部にあたる明日香村役場の北側に広がっており、一九五九年の発掘調査で発見されてから、断続的に発掘調査が継続されている。発掘調査の結果、宮の遺構は三期（Ⅰ～Ⅲ期）に、またⅢ期は前後二期に区分できることがわかっている。それぞれ、舒明《じょめい》天皇の飛鳥岡本宮《あすかおかもとのみや》、皇極天皇の飛鳥板蓋宮《いたぶきのみや》、斉明（皇極の重祚）天皇の後飛鳥岡本宮《のちのあすかおかもとのみや》、天武・持統天皇の飛鳥浄御原宮《あすかきよみはらのみや》にあてられる。

『日本書紀』の記述を追ってみると、五九二年、推古天皇が飛鳥最初の宮である豊浦宮（豊浦寺下層・宮の構造不明）で即位し、小墾田宮《おはりだのみや》（雷丘東方遺跡・宮の構造不明）で政務を執った。推古天皇の没後、舒明天皇は六三〇年、飛鳥岡本宮に定めた。飛鳥岡本宮は六三六年に焼失、田中宮（橿原市田中・遺構未発見）、厩坂宮《うまさかのみや》（遺構未発見）と移ったのち、舒明没後に妻である皇極天皇が岡本宮跡地に飛鳥板蓋宮を造営した。六四五年、中大兄皇子らが蘇我入鹿《そがのいるか》を殺害した乙巳《いっし》の変の舞台

「飛鳥・藤原」の構成資産候補の一覧

No.	構成資産名 （史跡名）	所在地	時代区分	資産の性格	資産の特徴
1	飛鳥宮跡	明日香	飛鳥宮期	宮都と付属施設	舒明天皇の飛鳥岡本宮から、天武・持統天皇の飛鳥浄御原宮まで、同一の場所に継続的に造られた4つの宮殿跡
2	酒船石遺跡	明日香			亀形水槽をはじめ、石づくりの構造物をともなう祭祀遺跡
3	飛鳥水落遺跡	明日香			文献資料と一致する最古の水時計（漏刻）
4	飛鳥京跡苑池	明日香			飛鳥宮にともなう庭園施設
5	飛鳥寺跡	明日香		寺院	日本初の伽藍を備えた寺院跡。日本最古の仏像が遺る
6	橘寺境内	明日香			百済式の伽藍配置を採用した尼寺
7	川原寺跡	明日香			天皇発願の寺。下層には川原宮とみられる遺構が存在
8	山田寺跡	桜井			蘇我氏造営の氏寺。東回廊が良好な状態で出土
9	檜隈寺跡	明日香			渡来人東漢氏の氏寺
10	石舞台古墳	明日香		古墳	最大権力者であった蘇我馬子の墳墓
11	菖蒲池古墳	橿原			風水思想に基づく選地を反映した古墳。家形石棺二基が石室に残る
12	牽牛子塚古墳	明日香			八角墳。斉明天皇の陵の可能性
13	藤原宮跡	橿原	藤原宮期	宮都と付属施設	日本初の方格都市藤原京の中枢を占める中国式宮殿
14	藤原京 朱雀大路跡	橿原			藤原京の中軸、朱雀門から伸びる中央街路
15	大和三山 （耳成山、香具山、畝傍山）	橿原			『万葉集』にも詠まれた神の山。四神相応になぞらえており、藤原宮の位置に影響した
16	本薬師寺跡	橿原		寺院	藤原宮西南の条坊内に計画的に配置された国家寺院。平城京遷都後は、薬師寺へ移る
17	大官大寺跡	明日香 橿原			藤原宮東南の条坊内に計画的に配置された国家寺院。国家シンボルともいえる九重塔を備える
18	キトラ古墳	明日香		古墳	四神図などで陰陽思想や四神思想を墓室に表現した壁画古墳。天文図は現存する最古のもの
19	高松塚古墳	明日香			四神図などで陰陽思想や四神思想を墓室に表現した壁画古墳。天文図は現存する最古のもの。人物像は当時の服飾がわかる一級資料
20	中尾山古墳	明日香			火葬骨壺を納めた八角墳。天武・持統の孫である文武天皇墓の可能性が指摘されている

所在地：明日香＝明日香村　橿原＝橿原市　桜井＝桜井市

註：2012年に整理したもの。「飛鳥・藤原」の価値を適切に説明するため、資産候補の加除を含めて現在も検討中

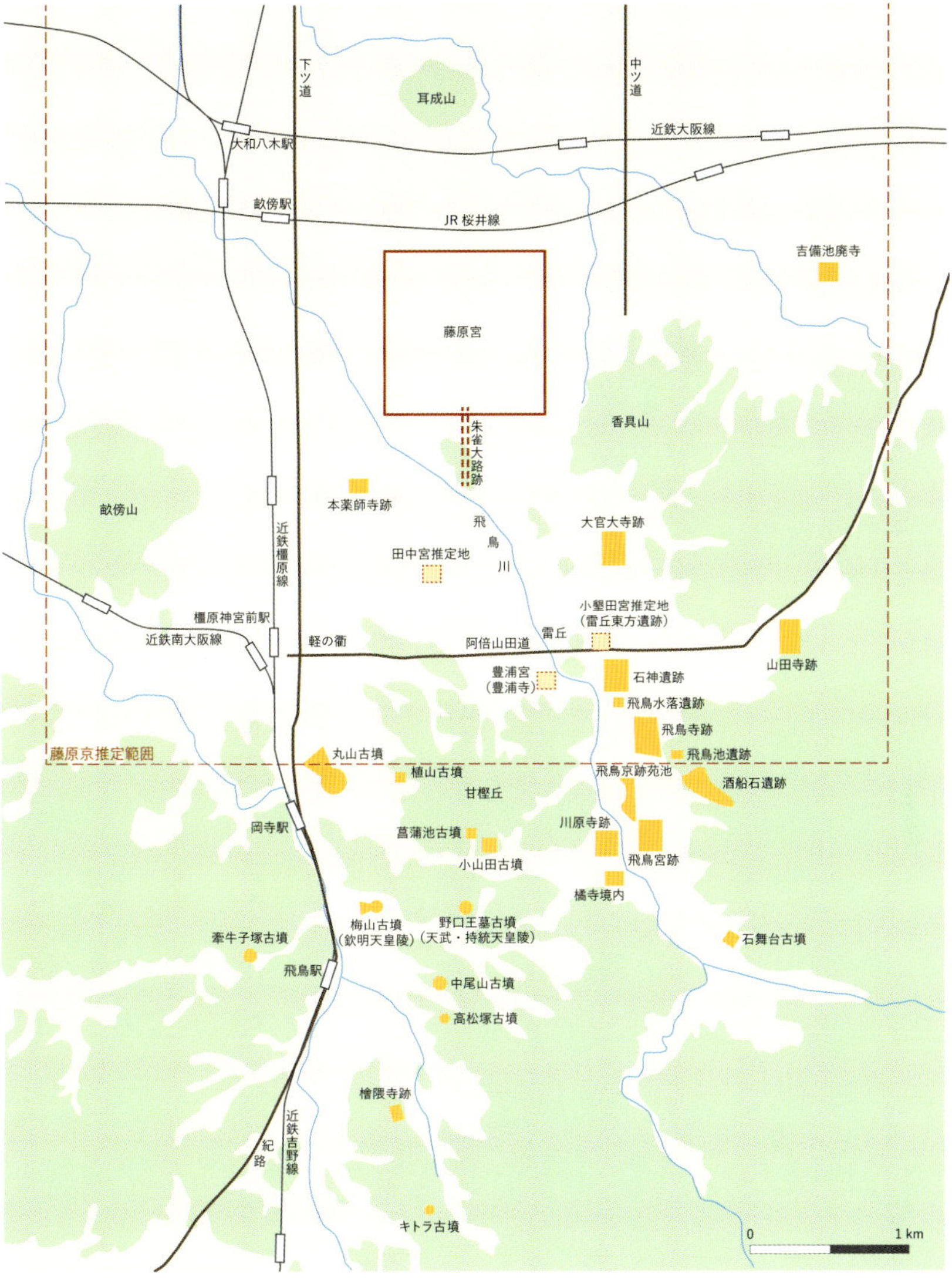

構成資産候補と関連遺跡の位置

となったのは、この板蓋宮である。こののち、孝徳天皇の難波長柄豊碕宮《なにわのながらのとよさきのみや》（大阪府大阪市）、天智天皇の近江大津宮（滋賀県大津市）など一時的に宮は飛鳥を離れるが、再び天武天皇が飛鳥浄御原宮で即位する。六九四年に藤原宮へ移るまでの約半世紀、宮はこの位置に、付属施設を整えながら建て替え存続したのである。

飛鳥宮の北東に隣接して飛鳥京跡苑池がある。一九九九年に発見されたこの遺跡は、『日本書紀』天武天皇一四年（六八五）一一月条にみえる「白錦後苑《しらにしきのみその》」の可能性がある。南池と北池、そして北流して飛鳥川に接続する導水路からなるこの苑池からは、朝鮮半島の技術が用いられて造られた巨大な石槽や噴水用石造物が出土している。さらに周辺にはウメやモモ、ナシなどの果樹が植えられていた植生が復元されており、斉明、天武、持統天皇や飛鳥宮の人々が楽しんだことだろう。飛鳥宮跡では、大井戸や内郭の一部が遺構展示されている。また飛鳥京跡苑池は、令和元年度現在も発掘中であるが、将来は遺跡公園として整備される予定である。

苑池と同様、水と石からなる遺跡として、宮の北東の丘陵に酒船石遺跡がある。丘陵を切石積みによって囲み、さらに谷奥には亀形石槽や流水施設などによる祭祀場を備えた遺跡である。『日本書紀』斉明天皇二年（六五六）条の「宮の東の山に石を累ねて垣とす」「石の山丘」にあたる可能性が高い。この祭祀場は現地で遺構展示しており、往時の姿を眺めることができる。なお、これらの工事に用いた石材は、香具山と石上山（天理市）の間に、三万人を動員して通したという運河「狂心《たぶれごころ》の溝《みぞ》」を使って石材を運んだという。その名称から、当時の人々はこの大土木工事をどう捉えていたのかがうかがえる。しかし、この大運河の存在は、「飛鳥・藤原」の都市開発に大きく役立ったに違いない。

飛鳥宮期に整えられた代表的な宮衙施設としては、飛鳥水落遺跡が挙げられる。『日本書紀』斉明天皇六年（六六〇）五月に造った「漏剋《ろうこく》」（水時計）とみられる遺構が発見された。時間の概念・支配という国づくりに欠かせない機能をもつ点で極めて重要な遺跡である。この漏剋は現地で遺構展示されており、復元漏剋は飛鳥資料館で展示されている。この水落遺跡北側には、須弥山《しゅみせん》石や石人像が出土した石神遺跡が広がる。東北の蝦夷や外国の賓客を迎えた迎賓館施設とみられる。長大な建物や方形石組池を作り、地面一面には石敷が施されている。須弥山石と石人は飛鳥資料館で見ることができる。これらの遺構は現在埋め戻されているが、須弥山石と石人は飛鳥資料館で見ることができる。

また現在の県立万葉文化館の位置に、飛鳥池遺跡がある。わが国最古の鋳造貨幣である富本銭が製作されていたほか、金銀・ガラス・鍛冶など複合した総合工房が存在し、宮廷での生活や寺院・官衙造営を支えていたことがわかっている。

以上のように、飛鳥宮とその周辺は現在でこそ水田風景が広がっているが、この水田を一枚めくると、飛鳥時代の遺跡が姿を現す。平地は宮殿、官衙施設、寺院などに占められ、今とは異なる景観であった。

六七六年、飛鳥浄御原宮に坐した天武天皇は、手狭になった飛鳥の地から、北西部に開けた平地部に新しい都づくりを計画した。「新城《にいき》」と呼ばれている。この新城の整備がどの程度進んだかについては研究者によって意見が分かれるところであるが、いったん中止され、六九〇年、皇后の持統天皇の御代になり宮と新益京《あらましのみやこ》（藤原京）造営が再開し、六九四年に大和三山（畝傍山、耳成山、香具山）に囲まれた藤原宮に遷った。藤原京は東西約五・三キロメートルの正方形に復元される広大な京域で、京内は碁盤目状に条坊道路で区画し、中心に一キロメートル四方の宮殿を構えた。宮殿中心には内裏と中国式建築を採用した大極殿、朝堂院、さらにこの東西には、官衙施設を整然と配置した。宮周辺の平地に官衙、寺院などを順次配置していった飛鳥宮とは全く異なる日本初の計

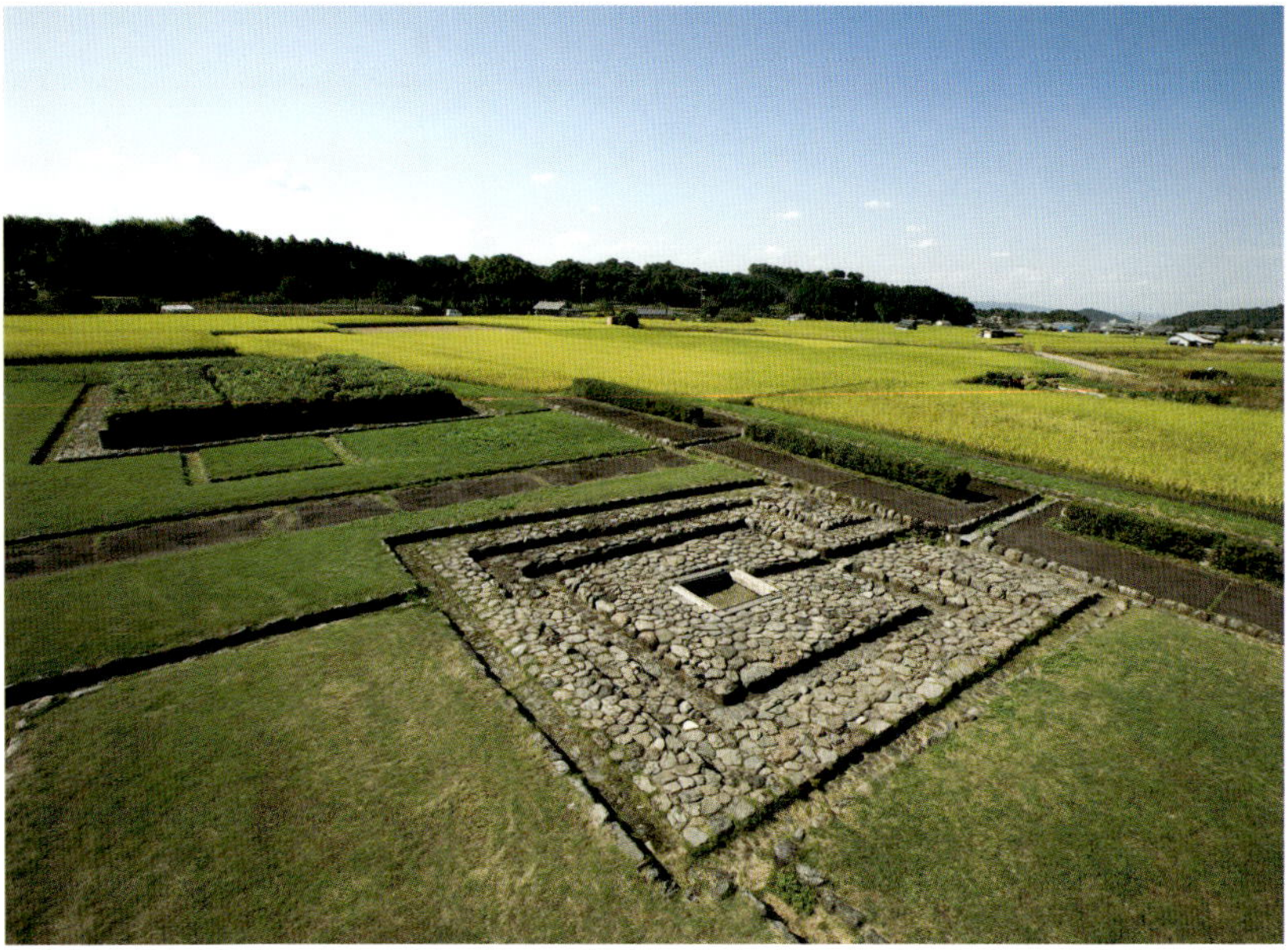

飛鳥宮跡（明日香村）。宮の内部で発見された大井戸が現地で復元されている。後方に見える甘樫丘と宮の間に苑池が広がっていた

藤原宮跡（橿原市）

画都市で、のちに造営された平城京をしのぐ規模である。政治・儀式・行政の諸施設が充実したこの藤原宮の構造から、充実した行政機構の完成を読み取ることが出来る。唐の律令を範とした大宝律令が大宝元年（七〇一）に完成するが、この年藤原宮大極殿で行われた元日朝賀で文武百官と新羅からの使者が整列した様子は、『続日本紀』では「文物の儀、是に備れり」と高らかに宣言している。律令国家が完成した瞬間である。

藤原宮跡は現在史跡として整備されている。大極殿の基壇などいくらかは当時の遺構が地上に現れているが、大部分は地中に保存されている。宮の南の中軸線上には、朱雀大路があり、一部が史跡に指定されて整備されている。小高い丘になっているため、この場所から眺めると藤原宮の全容がよくわかる。

「飛鳥・藤原」の寺院

「飛鳥・藤原」は日本の仏教寺院の始まりの地でもある。仏教伝来以後、豪族の邸宅で仏像を拝んだり、あるいは仏殿を造ることが続いたが、蘇我馬子により飛鳥寺（法興寺）が、日本初の伽藍を備えた仏教寺院として造営された。新たな宗教施設の建設であると同時に、古墳時代以来の渡来系工人に百済の寺工、鑪盤《ろばん》博士、瓦博士、画工などが加わり、当時の最新の技術と知識、人材を総動員した最先端の建築プロジェクトであった。飛鳥寺造営は推古天皇以降となる飛鳥諸宮の成立より開始されており、この地が蘇我氏の勢力圏であったことを示している。飛鳥寺は蘇我宗家滅亡後も飛鳥時代を通じて隆盛し、六八〇年には官寺の扱いを受けるに至る。現在の飛鳥寺本堂は近世の建築である。地上部で飛鳥時代の名残を残すのは、境内に残された礎石とそして飛鳥大仏（釈迦如来像）である。飛鳥大仏は鎌倉時代初めに火災を受けた。顔、指などはオリジナルとされるが諸説ある。しかし大仏が据えられた基壇部分は飛鳥時代当時のもので、大仏が当時の位置そのままであることを示している。

飛鳥寺同様、この時代は有力豪族が巨大古墳に代わるあらたなモニュメント、あるいは祖先祭祀の場、瓦作りや寺院建築など最新技術の導入の契機として「氏寺」を造営する。蘇我氏の山田寺、渡来系氏族の東漢氏《やまとのあやうじ》による檜隈寺、橘寺、また天皇家の寺として川原寺が造営される。このうち、山田寺跡は史跡公園として整備されており、その伽藍の規模が現地で体験できる。また、発掘調査では倒壊した回廊がそのままの状態で発見された。保存処理されたのち、飛鳥資料館で回廊が復元展示されている。法隆寺より古い木造建造物の構造を目にすることができる。

舒明天皇の時期には、氏寺に加えて、初の国家の寺院として百済大寺《くだらのおおでら》が造営される。現在の吉備池廃寺であると考えられている。これらは、各豪族の勢力圏に造営されたため飛鳥地域に分散していることが特徴である。

藤原宮の時代になると、新しいタイプの寺院が造られた。藤原京朱雀大路を挟んだ藤原京の条坊内に建てられた大官大寺、本薬師寺である。

大官大寺は「飛鳥・藤原」最大の寺院である。国家寺院として百済大寺から法灯を嗣いだ。最大の特徴は、現在基壇が残されている九重塔である。中国の北魏永寧寺《えいねいじ》をはじめ同時期の東アジア各国でみられる、国家シンボルのタワーである。大官大寺跡の伽藍範囲は現在、水田に覆われているが、九重塔の基壇跡、金堂、講堂の基壇が一段高く残存しており、注意深く同地を歩くとよくわかる。

本薬師寺はもともと天武天皇が皇后（持統）の病気回復を祈って造営した私的な寺であったが、条坊に取り入れられ、国家鎮護の寺となった。現在、伽藍北半分は集落に飲み込まれてしまってい

山田寺跡（桜井市）

酒船石遺跡（明日香村）

飛鳥寺（明日香村）

本薬師寺跡（橿原市）

るが、金堂や東塔・西塔の基壇はよく残っている。金堂跡には巨大な礎石が「置かれている」ように据えられているが、これは当初の位置である。基壇の土が流出しており、礎石上面が当初の基壇の高さだったのである。本薬師寺は平城遷都後、平城京へ移った。現在の薬師寺である。双塔伽藍の規模も同一と推定されている。

この時代、飛鳥には旧来の寺院が存続し、藤原京には計画配置された国家主導の寺院が置かれた。その後、都が平城京に遷ると、川原寺、山田寺など、氏寺は飛鳥の地にとどまる一方で、大安寺（大官大寺）、薬師寺（本薬師寺）、元興寺（飛鳥寺）など官寺にあたる寺院は宮とともに平城へ移っていく。

「飛鳥・藤原」の古墳

仏教伝来から飛鳥寺造営の頃までの権力者の奥津城《おくつき》といえば、前方後円墳であった。飛鳥地域周辺では六世紀末に造営された奈良県内最大、全国六位の規模を誇る丸山古墳（墳長約三一〇メートル）が築かれている。明治期まで開口していた巨大な横穴式石室には家形石棺二基が納められている。被葬者は、欽明天皇・堅塩姫《きたしひめ》説、または蘇我稲目説などがあるが、時代を代表する最高権力者が葬られたことは間違いない。南には宮内庁により欽明天皇陵に指定されている梅山古墳（墳長約一四〇メートル）もある。

丸山古墳被葬者の次世代にあたる推古天皇や蘇我馬子らの墓は、前方後円墳ではなく方墳として造られた。推古天皇は六二八年に没し、息子の竹田皇子の墓に葬られる。これは植山古墳に比定されている（のち、大阪府太子町の推古天皇陵・山田高塚古墳に改葬）。また、蘇我馬子は『日本書紀』

推古三四年（六二六）五月条に「桃原墓《ももはらのはか》」に葬られたとされるが、これは石舞台古墳に比定されている。これら両墓は、外見は変化したが内部は伝統的な横穴式石室のままであった。他にも丘陵を背面とする風水思想を立地に取り入れた菖蒲池古墳や、いまだ全容が明らかになっていないものの、石舞台古墳を超える飛鳥地域最大の方墳の可能性が高い小山田古墳などが飛鳥宮の時代に造営された。これらの古墳の被葬者は明らかではないが、その規模からみて、文献に登場する飛鳥時代を代表する人物であろう。

さらに、飛鳥南西の越智の丘には、八角墳の牽牛子塚古墳《けんごしづかこふん》が造営される。八角墳は、七世紀半ばになって採用された日本独自の墳形で、最大権力者＝天皇の陵《みささぎ》と考えられる。牽牛子塚古墳の裾側には、別の越塚御門古墳《こしづかごもんこふん》が築かれている。牽牛子塚古墳は石槨内に二基の墓室を備えており、また越塚御門古墳は単葬墓である。『日本書紀』天智天皇六年（六六七）二月条には、斉明天皇と間人《はしひと》皇女（孝徳天皇皇后）を小市岡上陵に合葬したこと、陵の前に大田皇女を葬ったことが記述されていることから、ここに葬られているのは斉明天皇と娘（天智・天武の妹）の間人皇女、孫で天智の娘である大田皇女の可能性が高い。天智天皇は母・妹・娘をあわせて葬った翌月、近江大津宮へ移っていった。天智自身は京都市山科の天智天皇陵（御廟野古墳・八角墳）に葬られた。

大津から飛鳥に宮が戻り、そして藤原宮へ遷った後も、飛鳥の南西地域は墓域として継続した。この時期の八角墳は、野口王墓古墳［39ページ］と中尾山古墳［69ページ］が挙げられる。

野口王墓古墳は藤原宮中軸線上にぴったりの位置に造営される。宮内庁が天武天皇・持統天皇の檜隈大内陵として管理している古墳である。実は鎌倉時代に盗掘されたことが藤原定家の『明月記』に記され、さらに盗掘記録が『阿不幾乃山陵記《あおきのさんりょうき》』として伝わっている。石室の様子や天武天皇の棺《ひつぎ》、持統天皇の火葬骨の納められた金銅製骨蔵器などの存在が記されており、『日本書紀』や『続日本紀』

石舞台古墳（明日香村）。蘇我馬子の「桃原墓」とされる

石舞台古墳の石室内部

牽牛子塚古墳（明日香村）。斉明天皇の可能性が高い。発掘により八角墳であることが判明

野口王墓古墳（明日香村）。天武・持統天皇陵とする説が有力

の記述と一致することから、天武・持統陵として間違いないものとみられる。伝統的な葬法から火葬への過渡期を示す古墳である。なお、明治一三年（一八八〇）に『阿不幾乃山陵記』が発見されるまでは、冒頭で紹介した丸山古墳が天武・持統陵とされており、翌年に治定変更されている。これ以降、現在に至るまで天皇陵の変更はなされていない。

中尾山古墳も野口王墓古墳と同様、藤原宮中軸線に配置された八角墳である。発掘調査により、骨蔵器を安置するための台を備えた小規模の石槨が明らかになっている。被葬者の候補として、「飛鳥・藤原」の天皇で持統天皇以外の火葬された人物である文武天皇があげられる。

そして、飛鳥で最も名高い遺跡といっても過言ではない、キトラ古墳、高松塚古墳がある。両古墳とも、極彩色の古墳壁画の発見から、その壁画を保存する国を挙げての努力はあまりに有名である。どちらも石槨の東西南北の壁に四神を描き、天井には天文図［129ページ］を描いた。キトラには十二支像が、高松塚には人物群像［124ページ］が描かれている。「飛鳥・藤原」の国際性を最もよく示している資産である。被葬者は諸説あるが、遣唐使などに関わった高位官人あるいは皇子クラスの墓とみられる。現在、キトラ古墳は整備され、石室から保存のために取り外した壁画は隣接する四神の館で見学することができる（時期限定）。また、高松塚古墳は墳丘が整備されている。壁画は石槨石材ごと解体して別途保存処置を行っているところであり、将来的にはキトラ古墳壁画同様に公開される予定である。

おわりに

「飛鳥・藤原」の構成資産候補と関連遺跡について、宮・寺院・古墳の三つの視点から概観してみた。特に遺跡と歴史上の人物・事件について関連づけて記述した。「飛鳥・藤原」は古代において日本が形作られていった過程そのものである。日々発見される考古遺跡は、歴史書や『万葉集』といった記録から裏付けられる。またその逆で考古遺跡や出土する木簡など新たな文字資料によって歴史書の理解が進む場合もある。そして、これら遺跡が狭い範囲に密集し存在しているのが、「飛鳥・藤原」の一番の特徴といえる。現在はここの遺跡として認知されているが、当時は飛鳥から藤原まで、天皇、皇族、貴族、僧侶、そして記録には残っていない市井の人々が暮らした痕跡が一面に広がっていたのである。今後も調査が進めば、新たな発見、新たな価値が明らかになっていくだろう。

多くの情報をある切り口で見れば、世界文化遺産としての価値が生まれるし、また別の切り口で別の価値を認めることもできる。『日本書紀』『続日本紀』『万葉集』を手に取り、年々新たに発見される遺跡や遺物を、専門家ばかりでなく、誰しもが同時に考え、楽しめるのが「飛鳥・藤原」の魅力である。それぞれの「飛鳥・藤原」の価値を発見していただければ幸いである。

甘樫丘（明日香村）

第二章 座談会

五十嵐敬喜 法政大学名誉教授
岩槻邦男 兵庫県立人と自然の博物館名誉館長
木下正史 東京学芸大学名誉教授
西村幸夫 日本イコモス国内委員会前委員長
松浦晃一郎 第八代ユネスコ事務局長

「日本国」の誕生と、日本人のこころの原点を記憶する史跡

飛鳥・藤原は「日本国」が誕生した時代

松浦　今回、「飛鳥・藤原の宮都とその関連資産群」（以下「飛鳥・藤原」）の中核を務めた天武・持統天皇陵をはじめとして、飛鳥宮跡、藤原宮跡の一連の構成資産を視察しました。それを踏まえ、世界遺産登録に向けていかに基本テーマを決め、ストーリーを作り、それを裏付ける現地の不動産と結びつけるかについて議論したいと思います。

木下　飛鳥・藤原京の時代は、政治、文化、社会、宗教の日本史上の大きな転換期であり、「日本国」が誕生した時代であったと考えています。その期間は、推古天皇が即位した五九二年から元明天皇が平城京に遷都した七一〇年までの約一二〇年間です。一時期、難波宮や近江大津宮が都になった間も飛鳥の施設などは維持されており、その後、都は再び飛鳥に戻り、政治・文化の中心地であり続けました。

三世紀から六世紀後半の前方後円墳の造営に象徴される「前方後円墳の時代」は、各地の豪族に

よる連合国家の時代であり、古代中国に対して「倭国」と名乗っていました。これに対して、飛鳥・藤原京の時代は、天皇を頂点とする律令制による中央集権国家的な統一国家を作りあげていった時代であり、まとめあげた時代でもあります。

この新しい中央集権国家は、東アジア社会に対して、その国号を「日本国」と名乗るようになり、また、「大王《おおきみ》」呼ばれていた最高統治者は「天皇」と呼ばれるようになりました。

法律の上では、天武天皇の時代に六官制が、文武天皇の時代に日本の初の体系法典である大宝律令が制定され、法律に基づく中央の官制が整えられました。都と地方の行政区分も明確になっていきます。それぞれの国に、七世紀後半には、現在の郡に相当する「評《こおり》」、村に相当する「五十戸《さと》」・「里」が区分され、これらの区分は八世紀初頭の大宝令制では「郡」・「里」と改められた。そして都と地方を結ぶ交通・通信網も整えられます。

大陸様式の本格的な宮殿である藤原宮が初めて建設され、暦、元号制、時刻制、度量衡、貨幣制なども中国の制度をもとに取り入れました。思想面、信仰面では仏教が重要だが、道教や儒教も導入し、展開しています。

ほかにも、建築技術、測量技術、水道、噴水、仏像を造る技術、壁画を描く技術、医療や医薬、衣食住に漢方を取り入れて、中国風に整えました。小麦を粉にして食べたり、油を使って揚げる文化、乳製品を作る文化も採用されて、為政者層に導入されていった。『古事記』や『日本書紀』といった歴史書の編纂事業が本格的に始まったのもこの時代です。

六世紀末から七世紀には遣隋使・遣唐使を派遣しています。また、仏教文化の導入とともに、百済や高句麗へ寺や仏像を造る工人、絵描きなどの技術者や僧侶の派遣を要請しています。また、五世紀の初めから六世紀にかけて、朝鮮半島から渡ってきた多数の渡来人を積極的に重用しながら、

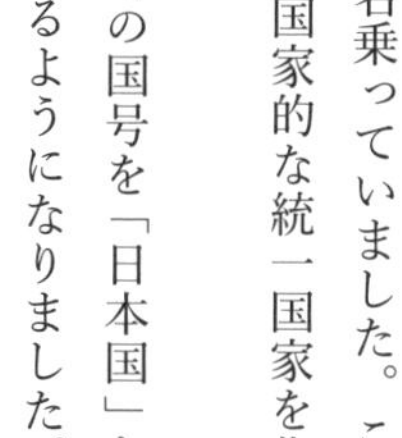
木下正史

新制度や新文化を作りあげる原動力としていました。

今回の構成資産には、これに応えるすべての範囲とは言えないまでも、骨格を理解できるものは入っていると考えます。

見えてこない国民の姿

松浦　重要な話がいくつもありましたが、ポイントは、連合国家であった古墳時代の体制が、飛鳥・藤原時代に法治による中央集権的な国家になったこと。その体制を作りあげるにあたって、中国および朝鮮半島からの渡来人の協力が大きかったこと。その背景には、それまで流動的であった中国に隋と唐が、朝鮮半島は高句麗が出てきたことがあると思います。

世界遺産としての「飛鳥・藤原」のテーマは、木下先生が言われた、日本が連合国家から中央集権的な国家へ移り、中国の法体制などを導入しながら法治国家へと踏み出したということが中心になると思います。

岩槻　その時の「日本」には、南九州以南の隼人や関東以北の陸奥、蝦夷は入っていないということは意識しておくべきと考えます。

松浦　中央集権的な国家といっても、いまの日本の範囲とはかなり違うということは留意すべきだと思います。

五十嵐　近代的な憲法による国家のイメージには、国土・統治機構（権力）・国民の三つが含まれることが重要になります。飛鳥・藤原時代の国家には、権力についてはそれを裏付ける遺跡もかなりあるし、国土についても大和を中心に蝦夷や隼人を除く範囲ということでかなり明瞭です。国民についても、戸籍があり税を納める義務があり、班田収授を所有権とまで言えるかはわからなくとも、かなり明確な保証を与えています。その意味では三つの要件が完璧に揃っていると思います。

木下　ただし、都にいたのは天皇をはじめとする貴族や役人でしょうが、それ以外の都市住民はどこに住んでいたのか、どういう仕事をして食べていたのかが、構成資産からはほとんど見えてきません。

その点が、考古学的に明らかになっているかというと、危ういところもあります。どの段階から民衆支配の考え方が展開していたかはわかりませんが、古墳時代とは違う新しい考え方で進めていこうとしたのは七世紀の前半で、それが七世紀中頃以降に形を成してきます。やがて制度として明確にしていく道が模索され、全国的に敷衍できたのが「大宝律令」だと思います。

松浦　当時の国の人口はどのくらいだと推測されますか。

木下　奈良時代は大まかに五〇〇万人とされ、それを遡る飛鳥時代は、四〇〇万人台ではないかと思われます。

西村　五十嵐先生が指摘した国民の問題は、「飛鳥・藤原」を都として説明するのか、日本という国家の権力中心地として説明するのかという問題に関わります。都であれば庶民はどこに住んでいたのかという問題が出てきます。しかし、二〇の構成資産からは、権力のある種の構造が見えてくるということであって、どういう都市が形成され、庶民がどういう形で住んでいるのかということではない。また、その説明はなかなか難しいだろうと思います。

中核となる天皇陵

松浦　現在、地元で検討している構成資産は二〇です。私は基本テーマを踏まえ、世界遺産の二つの基準である「真正性（オーセンティシティ）」と「完全性（インテグリティ）」を踏まえ、また歴史的な建造物、記念碑、史跡という観点から考えると、中核は「天武・持統天皇陵」と、天武天皇の父親であり持統天皇の祖父の「舒明天皇陵」の二つになると考えます。陵の規模ではなく、歴史的な背景を推進した天皇であり、当時の物件がそのまま残っているという点からも極めて重要です。

飛鳥時代に活躍した推古天皇の陵（大阪府太子町）は宮内庁も認めていますから、構成資産に入れることを検討する必要はあります。ただし、場所が離れているし、飛鳥・藤原時代にとってそう重要でなければ、舒明天皇から出発してもよいと思います。

議論になるのは、「仏教寺院跡」の位置づけです。一九九三年に世界遺産に登録された「法隆寺地域の仏教建造物」は、仏教の中心地として天皇が大切にしていたと提案しました。飛鳥寺を日本の仏教の出発点と位置づけたり、他の寺院跡を仏教の観点から強調しすぎると、法隆寺との関係が微妙になり、法隆寺と一体化して追加登録にすればという話にもなりかねないので、慎重に考える必要があります。

飛鳥寺には歴史もあるし藤原宮の中核の場所にはありますが、仏教として位置づけるよりも、石舞台も含めて当時の天皇を支える豪族たちの施設としての位置づけができるかが鍵になるでしょう。むしろ、政治を中心にして、中央集権的な律令国家を作った日本の古代史の重要な時期と、それに関連する施設と捉えた方が、うまく位置づけられるのではないでしょうか。

同じことは、キトラ古墳と高松塚古墳にも言える。芸術的な価値は別にして、基本的なテーマで

松浦晃一郎

ある律令国家との関係をしっかり説明できる形で提案しなければなりません。

木下　舒明天皇陵は、飛鳥・藤原のエリア外になるのでいまのところ構成資産には入れていませんが、「日本国」の形成の過程を探るのであれば、舒明天皇が造った百済大寺と舒明天皇陵の二つが入ればかなり強固になります。百済大寺は藤原京で造られた大官大寺の前身、この寺によって国家仏教への姿勢が明確になった。つまり政治と密接に結びついた寺です。

飛鳥寺など「仏教寺院跡」の位置づけ

松浦　日本は世界遺産登録にあたり、イコモスに法隆寺と法起寺を日本の仏教が始まった場所と強調しているので、それとの関係が心配です。日本の仏教が最初に定着して法隆寺が造られたというストーリーを国際的に確定させているので、「飛鳥・藤原」はそれを既成事実として、登録申請のための議論をしなければなりません。

西村　法隆寺の申請書には仏教のことも書かれていますが、どちらかというと世界最古の木造建造物という建築的な価値の方が中心で登録されたように記憶していますが。

松浦　ただ、推薦書には「法隆寺は日本の天皇を護った寺として続いてきた。そして常に天皇家の庇護のもとにあった」という旨の記述があるので、「飛鳥・藤原」では仏教寺院を中心にするのは無理があり、律令国家を表に出した方がいいと思います。

岩槻　登録のための戦略としては、後出しになるということですね。

木下　困りましたね（笑）。飛鳥寺や川原寺は、天武朝になると大官大寺と同じように、国家仏教の中心寺院に位置づけられていきます。法隆寺は経済的には国家の庇護が若干ありましたが、政府が仏教を国家の中に位置づけていく中核寺には入ってこない。むしろ、聖徳太子を祀る寺院になっていきます。

松浦　逆に、飛鳥寺や川原寺は国家的な行事を司る寺院になり、その一環として位置づけられるわけですか。

木下　そうです。造られた経緯は別として、国家の寺院に位置づけられていきます。さらに、山田寺は国際交流の流れを伝える寺院でもあります。

松浦　そうであれば基本テーマとの関連においても納得できるし、それを踏まえ、二〇の構成資産の「宮跡」「仏教寺院跡」「墳墓（古墳）」の三つを並列させるのではなく、「宮跡」と「墳墓（古墳）」、なか

大官大寺の九重塔跡（明日香村）

んずく「天皇陵」を中核にして「仏教寺院跡」と「墳墓（古墳）」を付け加えるストーリーに書き換えればいいと思います。

ただし、現在の山田寺跡は礎石すら見えていないので、このまま構成資産にするのはかなり難しい。基本の考え方に見合ったうまい整備ができれば可能性は出てくると思います。まだ時間はありますから、整備方法などを検討してはいかがでしょう。

西村　日本では、柱穴しか残っていないような遺跡について、いろいろなタイプの整備が行われているので、そうした遺跡を海外の人が理解できるよう、いかにプレゼンテーションしていくかが大切になります。確かに、現状のまま山田寺跡に行ってもほとんど何も情報が得られない。現地での情報は必要ですが、日本がやってきたいろいろな整備の中の一つのタイプとして位置づけられれば、山田寺跡にも可能性はあると思います。

日本の考古遺跡のように、表面にほとんどものが表れないような遺跡が中心の国も多いので、日本のこれまでの努力をきちんと伝えていく必要があると思います。

岩槻　山田寺跡の倒壊した東回廊の補修・保存もそうしたことのひとつでしょう。

キトラ・高松塚壁画の位置づけと補修・保存の姿勢

木下　キトラ古墳壁画と高松塚の壁画は古墳の外に移設して保存修理をしているわけですが、これは問題ありませんか。

松浦　二つの壁画については、中核的なテーマにどう位置づけるかが重要なのですから、それができれば、古墳の内部にあるか外に置いてあるかはそれほど大きな問題ではない。少なくとも、保存状態が決定的な障害になるとは思いません。

キトラ古墳の保存状態はあまりよくないが、平壌の高句麗の壁画に匹敵するほどの立派な壁画です。壁画や保存場所がどうかということではなく、テーマの中にどう位置づけるかを詰めることが最も重要なことです。

西村　貴重な壁画を高度な管理下に置き、修復作業も含めて慎重に扱っているということを説明すれば、いかに大事にしているかは伝わります。元の古墳内部に置く方が保存状態が悪くなるのであれば、外にあっても問題ないと私も思います。

木下　絵柄については、天皇の称号の成立と律令国家の誕生に深く関わるという説明はできると思います。

岩槻　「古墳」については、それ以前の前方後円墳を引き継いだのでなく、多様化してきた古墳が国家の形成とどう関わりをもってきたのか、権力の移行をどう表現しているのかという観点から整理をしたらいいのではないかと思います。

また、「仏教寺院跡」は、法隆寺との関係が微妙ですが、日本に仏教が入ってきて展開していく過程は、当初から神仏習合の形でした。儒教や道教が一緒に入ってきて、「道徳律としての仏教」と「哲学としての仏教」がこの時代に始まりました。そのことが、それぞれの寺院とどう結びついているかということまで表現するかどうかも検討してはいかがでしょうか。

世界遺産を単体でなく集合体として見る

五十嵐　世界遺産としての登録という問題を考えると。いまのような話は日本人ならかなり理解できると思いますが、海外の人が「仏教寺院跡」と「宮跡」を見て、これらがなぜ律令国家と関係するのか、ただちに理解できるとは思えない。『日本書紀』や『万葉集』といった各種文献とリンクさせて、もう少しうまく説明する方法を考える必要があると思います。

実物がほとんど残っていないことも気になる。「宮跡」が一番重要だと私も思います。中央集権国家の一つの物的な象徴として「宮跡」を中心に構成資産のストーリーや順序・強弱などを工夫してみたらどうか。それにしても現時点では現地を見ただけでは何もわからない。もう少し当時の宮の姿が見える工夫をしたほうがよいと思います。

五十嵐敬喜

松浦　そのことは、一般の多くの人が感じるだろうと思います。法隆寺や法起寺に行けば、あるいは同時期に登録された姫路城も一七世紀の大型の城郭であり、誰でも「なるほど、これは世界遺産だ」と納得します。

しかし、単体だけで「なるほど」と納得できる遺産は、残念ながらもう少なくなってきて、近年は集合体全体として捉えるようになってきています。

「平泉」もそうですし、「明治日本の産業革命遺産　製鉄・製鋼、造船、石炭産業」にしても、一つひとつの構成資産ではわかりにくいけれど、八県一一市にまたがる二三の構成資産全体として判断することで世界遺産としての価値が出てくる。「飛鳥・藤原」の場合、現代からみて「なぜこれが中央集権国家の資産になるのか」を理解しようというのは無理で、歴史的な資産というのはそうしたものですから割り切るしかありません。

「飛鳥・藤原」では、むしろ権力の中枢があったことを踏まえて、どこまで周辺のものを入れていくかを議論することが大切ですし、宮殿のあった場所がしっかり区画されていることは強みになると思います。ただし、その周囲の農家や物置などをどうするかについては、今後考えていく必要があると思います。

「日本国誕生」の舞台をいかに見せるか

岩槻　だれもがひと目でわかるものを世界遺産にするのもいいとは思いますが、飛鳥・藤原時代に誕生した「日本国」は、説明が必要でもまず日本人が共有するべきことだと思います。

その上で強調したいのは、こうした史跡は、文化も含めて技術の話ばかりになってしまいがちになること。私は飛鳥・藤原時代の文化を語るのであれば、『万葉集』が出てくるべきではないかと思います。飛鳥時代を中核とする『万葉集』が入れば、当時の人々の生活が、本当の農奴的な人々の暮らしではないにしても、見えてきます。防人の人たちが倭歌を作っていた。それだけの文化があの時代には育っていた。だからこそ仏教を求め、それが日本の伝統的な神道と結びついて神仏習合という形で日本的な宗教が作りあげられていったわけです。

飛鳥・藤原時代の制度は唐や隋から借りたものかもしれませんが、わずかな間に「大宝律令」まで完成したのは、日本にそれだけの素地があったからです。それは誇りにしていいことです。

現時点での構成資産の説明では、外国人が理解しにくいというのはそのとおりだと思います。しかし、そこを理解してもらうのも世界遺産にすることの意味だと思います。

西村　私も「日本国誕生」の舞台をＯＵＶ（顕著な普遍的価値）としてどううまく説明するかが重要だと思います。「日本国」の誕生は日本人にとっては非常に重要なことですが、国の誕生の舞台は国の数だけありますから、その場所にＯＵＶがどのように存在するかが重要です。

一例を挙げれば、中国の縁辺地域における国家形成は、中国からのさまざまな影響を受けながら一つの形を作っていきます。飛鳥・藤原京も中国の周辺にあった国家の一つのモデルであるということだと思います。そうであれば、寺院があったり、宮があったり、それらを造る技術があるのは当然ですから、それぞれの構成資産をうまく結びつけるストーリーができると思います。

「墳墓（古墳）」にしても、古墳時代は古墳そのものが権力として存在していたが、飛鳥・藤原時代になって中国の文化が流入するとともに、かつてとは違う形で国家の統制を描くようになってきた。古墳は小さい形で存在するようになったのもその一つである。つまり古墳が小さいことが、この時代には意味がある、というストーリーも考えられるかもしれません。

ただ、これまで議論されたように、それを二〇の構成資産だけで説明しようとすると、構成資産のそれぞれの性格が少しずつ違うのでうまくいくのか、やや不安はあります。登録には、ものを中心にどういったストーリーが組めるかが関わってきます。五十嵐先生の危惧はそのことではないかと思います。

藤原京朱雀大路跡（橿原市）

木下　私は、普段、日本人にわかりやすいように「日本国誕生」という説明をしていますが、一般的には東アジア文明社会における国家形成が具体的に読み取れる資産であると話しています。

松浦　日本の古墳時代（三世紀半ば～七世紀末頃）は、大陸では三国時代に始まり群雄割拠の時代が続いていましたが、隋と唐で落ち着く。それを踏まえて日本にも新しい中央集権的な国家ができたということは、国際的にも十分に納得できます。

景観を生かした遺跡整備を

岩槻　世界遺産登録とは少し話がずれますが、あえて苦言を呈しておきたいことがあります。視察の際に頂いた団扇にコスモスが描かれており、本薬師寺の周辺にはホテイアオイの看板がありました。どちらも外来種で、飛鳥時代にはなかったものです。また、飛鳥宮跡にはイヌツゲが植えられていた。櫛の材料にもなるツゲは『万葉集』にも出てきますが、イヌツゲは一首も出てきません。栽培するようになったのは江戸時代になってからというのが通説です。

そうしたところをみると、飛鳥宮、藤原京の遺跡に向かう姿勢が本当にそれでいいのかと思わざるを得ません。さきほど強調した『万葉集』に生かされているような日本人のこころは、日本列島の自然とそこに住んでいた人たちの共生に基づいて作りあげられた文化です。そのことにも注意を振り向けたいものです。

岩槻邦男

木下　万葉歌碑を立てているのに、その周りに外来種が植えられていることへの批判は当然だと思います。飛鳥の山は杉林になっているので、昔の里山の景観にできるだけ戻していこうと取り組み始めています。

岩槻　生活の多様化に伴って外来種が入っているのは仕方ありません。ただ、わざわざコスモスやホテイアオイを植え、公開することまでやるのはどうでしょうか。世界に誇る遺産だというなら、その姿をできるだけありのままで維持すべきであり、これは地域の人たちに期待したい。

五十嵐　三山の植生は当時とかなり変わっていますか。

岩槻　雑草などはずいぶん変わっています。クローバーなどなかったわけですから。

木下　耳成山は、かつては禿山に近い状況でしたからかなり変わっているはずです。ただ、耳成山は万葉歌では「青菅山《あおすがやま》」と歌われていますから、緑の山であったことは間違いないようです。

松浦　香具山・畝傍山・耳成山の大和三山は、飛鳥宮、藤原宮と一体として捉えることはいいと思いますが、残念なのは景観です。できるだけ昔の景観に戻すことも考えてほしい。現状はあまりにも不自然な建物が多い。

西村　三山は明治の初めに公有化されており、そこには保存の意識があったのだと思います。確かに景観の問題はありますが、橿原市は景観条例によって藤原宮から三山に視線を通す眺望を守ろうと努力しています。こうした規制が弱い日本においてはよくやっている方だと思います。

もう一つ、眺望のことで「平泉」の登録の際に議論になったことがあります。欧米的な考えでは山からこちらまで一直線ですべてが見通せることが眺望なので、ビスタラインをすべて地区指定して保存することが重要となります。しかし、日本では山と土地の途中に何かがあったとしても、山という遠景と視点場という近景とが直接的に結びついて感得されるという浮世絵的な風景理解があり得るという議論をしました。こうした考え方は「平泉」では受け入れられました。

大和三山も、山と自分たちとの関係をもっと直接的に考えていたのではないかという気がします。その意味では、もう少し説得力を持った説明ができるだろうという感触はあります。

西村幸夫

藤原宮の中軸線を南からみる

クライテリアの検討と『万葉集』の位置づけ

五十嵐　これまでの議論を評価基準に当てはめると、クライテリア（登録基準）は（ⅱ）と（ⅲ）が強調されているようですが、私は改めて（ⅵ）も考えてみたらどうかと思っています。藤原京はまさしく『日本書記』を頂点とする「律令国家」を空間的に具現化したものであり、『万葉集』はまさしく当時の人々の生き方を示したものです。『源氏物語』は、「世界最古の長編小説」として世界で高く評価され二〇以上の言語に翻訳されていますが、『万葉集』や『日本書紀』も同様に世界に冠たる普遍的な価値があるのかもしれない。そこを検討したうえで、現在の構成要素を深く掘り下げ、各資産を結びつけていく。そうすれば、岩槻先生のご指摘を含め、もう少しうまく説明できるのではないか。

松浦　（ⅵ）を入れるのであれば、例えば『万葉集』にこういう歌があったというだけでは不十分で、それを裏付ける物的なもの（不動産）が必要です。

中央集権国家ができ、四〇〇万人の民がいて、その民の生活はこうであったというのは興味深い内容ですし、わかりやすいストーリーです。しかし、それに見合う構成資産を見つけることはもはや不可能だと思います。

構成資産の観点から二つの天皇陵と二つの宮跡を中核にしてまとめると、登録基準の（ⅱ）と（ⅲ）。（ⅳ）も入ってはいいとは思いますが（ⅵ）は無理があるでしょう。

また、現在の分類の「宮跡」「仏教寺院跡」「墳墓（古墳）」の三つの構成資産は、並列されているだけで、ストーリーが見えていませんので、中核となるテーマを据えて、それに関連したものを位置づけて全体をまとめる必要があります。「仏教寺院跡」を入れるのであれば、中核のテーマに沿ったものを入れて位置づけていく。その場合、石舞台古墳は位置づけられると思いますが、キトラ古

世界遺産の価値基準

(i)	人間の創造的才能を表す傑作である。
(ii)	建築、科学技術、記念碑、都市計画、景観設計の発展に重要な影響を与えた、ある期間にわたる価値観の交流又はある文化圏内での価値観の交流を示すものである。
(iii)	現存するか消滅しているかにかかわらず、ある文化的伝統又は文明の存在を伝承する物証として無二の存在（少なくとも希有な存在）である。
(iv)	歴史上の重要な段階を物語る建築物、その集合体、科学技術の集合体、あるいは景観を代表する顕著な見本である。
(v)	あるひとつの文化（または複数の文化）を特徴づけるような伝統的居住形態若しくは陸上・海上の土地利用形態を代表する顕著な見本である。又は、人類と環境とのふれあいを代表する顕著な見本である（特に不可逆的な変化によりその存続が危ぶまれているもの）。
(vi)	顕著な普遍的価値を有する出来事（行事）、生きた伝統、思想、信仰、芸術的作品、あるいは文学的作品と直接又は実質的関連がある（この基準は他の基準とあわせて用いられることが望ましい）。
(vii)	最上級の自然現象、又は、類まれな自然美・美的価値を有する地域を包含する。
(viii)	生命進化の記録や、地形形成における重要な進行中の地質学的過程、あるいは重要な地形学的又は自然地理学的特徴といった、地球の歴史の主要な段階を代表する顕著な見本である。
(ix)	陸上・淡水域・沿岸・海洋の生態系や動植物群集の進化、発展において、重要な進行中の生態学的過程又は生物学的過程を代表する顕著な見本である。
(x)	学術上又は保全上顕著な普遍的価値を有する絶滅のおそれのある種の生息地など、生物多様性の生息域内保全にとって最も重要な自然の生息地を包含する。

墳と高松塚古墳は難しいかもしれません。

西村　『万葉集』に関しては、この場所がこの歌と関連しているから守られている、とまではいえなくとも、『万葉集』の思想はこのランドスケーピングにこのように生きている、今後は整備の中でそれを進めますと推薦書のなかで謳うことはできると思います。

松浦　それなら『万葉集』を引用する意味があると思います。

西村　現状の事務局案では（ii）と（iii）、（iv）、（vi）の四つの評価基準が検討されているようですが、個人的には（ii）と（iv）が有力ではないかと思っています。といいますのは、「飛鳥・藤原」は六世紀末から八世紀初頭にかけての東アジア文化圏の宮都建設や宗教思想伝播の歴史を物語る遺産であるので、評価基準（ii）は外せない。そして生み出された宮都が東アジアの方格型の宮都のひとつの典型と言えることは確実ですので、これは評価基準（iv）にあたります。どこまで評価基準を広げていけるかは、これからの議論の展開次第であるように思います。

ただし、こうした評価基準の議論の組み立てでは古墳の位置づけがやや難しいので、評価基準との関係で古墳をどのように考えるのかがポイントとなるのではないでしょうか。

藤原宮跡を視察する座談会のメンバー（2019年6月、橿原市）

第三章　飛鳥・藤原京の自然と文化

飛鳥時代の人と自然

岩槻邦男
兵庫県立人と自然の博物館名誉館長

自然科学者が日本史を語るためのまえがき

歴史は、記録に残る政争と、それを支える戦争をつなぎ合わせて編まれる。結果、教科書に載る英雄は、政争に勝ち抜いた権力者と戦争の勝者になる。ひょっとすると、政治は、指導者と呼ばれる人たちの政争を支えるために、真面目に生きている庶民の生活を犠牲にしているだけのものかもしれないのに。それでも、たった一握りの指導者たちと違って、庶民と呼ばれる大多数の生活者たちは、それぞれの時代に、それぞれが生きることに真剣に取り組んでいる（それは歴史を通じての話であるし、そのまま現在にもあてはまる事実である）。

日本でも、戦国時代以降、転封（国替）という大名の移動がしばしば行われ、住民にとっては、国を差配する支配者の交代が見られた。中国では、特定の民族が、他民族が居住する広大な地域を支配する時代がなんどもあった。同じ民族であっても、独善的な権力者の下では庶民は苦しい生活を送ったが、それと同じように、他民族の支配下の庶民が、文化の差による不便を被った期間も短くはない。

正史と呼ばれる歴史書では、編纂した人の仮説に都合のいい記録を集めて論証しようとする。時の政権に都合の悪い事実が書き替えられ、隠蔽されるのと同じ発想に支配される。歴史書を読む際には、仮説に都合の悪い事実の記録を寄せ集め、編者の都合によくあった部分を捨象して真実を確かめる方がわかりやすいかもしれない。

歴史時代に文化を生み出した経過のうちには、権力者に雇用された優れた才能の人たちの活躍が占める部分が大きい。結果、文化人たちの生き方は、雇用者の権力の所在によって移り変わる。『万葉集』で光を放っている柿本人麻呂は不幸な死に方をしたかもしれないし、大伴家持も静かに世を去ったのではないらしい。指導者に利用される芸術家たちが、権力者の政争に巻き込まれることになるのもやむを得ない。歌人だけでなく、今に残る優れた仏像を刻んだ人たちだって、その全てが、必ずしも時の権力者に評価されたとは考えられない。それでも、時空を超えて美と真摯に取り組んできた人たちが、その国、その民族の文化を創りあげてきた。

歴史を語る時、大抵の場合は、論拠となるごくわずかの実証をもとに、推察を積み重ねて実像を探る。私が専門とする系統、進化に関する研究も、基本的には四次元時空の学であり、解析手法は同質である（生き物の歴史が生み出した多様性を研究する立場からの時間については近著の『ナチュラルヒストリー』【註1】で詳述した）。歴史の後付けをする際には、証拠が出揃わないうちに結論を推量して描きだすことが求められ、ふつうでは自然科学者がなじまない論議が行われる。自然科学者のうちでも、ナチュラルヒストリーの領域に携わる者は、歴史学者が背負っている責務と同じように、常に対象とする事物の総体についての回答が求められており、日常的に、乏しい実証をもとに結論を推量する学習をしているのだから、ナチュラルヒストリアンといわれる人たちは、歴史を語る論議に自然科学の手法を用いて参画できる科学者といってもいいだろう。そういう背景のもとで、少し大胆に飛鳥時代について語ってみたい。

飛鳥時代を理解するための背景

飛鳥時代は、東アジアの政治の動向に対応し、国際的な変動に備えて日本列島にまとまった統治体制が整った時期と理解される。ただし、当時の日本列島の住人は、遺伝的にひとつの民族と断定されるほどまとまったものだったと断定するのは難しい。現在、日本列島に二二〇万の外国人が住んでいるが、これは一億二千万の日本人に混じってであり、総人口の二パーセント弱にあたる。現在の中長期在留者のうち労働に従事する人の多くは補助的な業務に携わっているが、それに比して、六世紀に日本列島に居住していた渡来人の数は十数万を数えたと記録されるが、当時の総人口は四〇〇万程度と推定される。しかも、渡来人といわれる人たちは、政治を整え、軍事を支え、技術を主導し、文化を創造する原動力となっていた。当時の倭国では、良民の間では百済語が相当程度通じていたという推定もある。渡来人というよりも、人口の移動が激しくて、日本人の形成に繰り込まれた祖先形の一部だったと理解する方がわかりやすい。飛鳥時代に開花した白鳳文化は、日本民族という単系統の種族が創り出したものではなかったのである。

律令体制は平城京に都が移ってからの、文武帝の大宝律令の施行（七〇二）で完成されたと整理されるが、統治体制の始まりは、厩戸皇子の施策だったと記録される冠位十二階と十七条憲法の制定（六〇三、四）によって姿を見せるようになったものだろう。庚午年籍（六七〇）に始まる戸籍の登録も、国による民の実態の把握と、租庸調の収納の基盤づくりとして不可欠だった。豪族が個別に抱えていた民（舎人や奴婢ら）が国の良民などに移しかえられ、都城を整えて官吏（軍を含む）の組織を固めるためには、税収を整えることも最低限の責務だった。

しかし、徐々に統一されてくる国の制度のもとで、徴税は厳しくなり、貴族の生活が豊かになるのと並行して、農民などが厳しい生活を強いられるようになった実態は、奈良、平安時代の歴史に語ってもらうべきことかもしれない。

仏教の伝来と定着、神道との合体

どんな宗教でも、教祖の理念がそのままの形で現在の宗派に引き継がれているとは限らない。焼失前のノートルダム大聖堂の前に立った時、キリストが今ここに来られたらなんとおっしゃるかと考えたことがあったし、水の豊かなマレーシアやインドネシアの美しいモスクのそばでは、もしムハンマドがここに立たれたらなんとお告げになるかと、つい考えてしまったものだった。多様な宗派に分かれて、相互に争い合ってさえいる現実からも、単一の教祖の考えの普遍とみなすことなどできる道理がない。

日本へ伝道された仏教は、中国、朝鮮半島を経て、お釈迦様の考えも多少すがたを変えてはいた。しかし、いわゆる大乗仏教の主流だったらしいことは、もたらされた仏典などから確かめられる。仏教が日本列島に持ち込まれたのは、東アジアに定着した仏教が、文化の一翼を占めるものとして、東アジアの各地に広まる一環として、日本列島へも伝来されたもので、たまたまそれがこの時期になったということだろう。

蘇我氏が仏教の受容に前向きで、積極的に寺院を建築し、仏像を刻んだ背景には、宗教としての認識よりは、大陸の文化を導入することで、寺院や仏像など、優れた建築、工芸品などの展示を通じて権力者としての力を見せつける意味があったのかもしれない。渡来系と呼ばれる人たちとの連帯が強かった蘇我氏らしい国際化を目指した行動である。ただし、寺を作り、仏像を刻んだ渡来系の人たちも、寺院に集った人たちも、仏典の思想にどこまで忠実であったかはよくわからず、豪族の指導者たち、蘇我宗家の馬子、蝦夷、入鹿（若い頃には僧旻《みん》に学んだ秀才だったともいわれるが、それらしい事蹟は残されていない）の誰かが仏教の教義に関わる活動をした記録はない。冤罪であることを知りながら、未完成の山田寺で妻子とともに自殺した蘇我倉山田石川麻呂の生き様には、それなりの美意識があるのかもしれないが。

そのうちで、厩戸皇子の仏教に対する取り組みは少し様子を異にしていた。書紀などの伝えるところでは、五八七年に蘇我馬子が物部守屋《もののべのもりや》に打ち勝った戦いで、厩戸皇子は形勢不利の際に四天王像を刻み、戦に勝てば像を安置する寺院を建立すると約束し、それを実行した、などとあるが、最初は現世利益を求めて信仰に入ったのかも知れない。しかし、高句麗の僧慧慈《えじ》に師事し学んでからは、彼の仏教に対する真摯な態度は、後の『三教義疏《さんぎょうぎしょ》』に見られるように、教義に忠実であろうとするものだった。もっとも、皇子の信仰は仏教だけにこり固まるものではなくて、道教についても深く学んでいたようであるし、大王一家の中心人物の一人として、神道の定めにも従っていた。四天王寺の境内には鳥居があるし、伊勢や熊野権現の遥拝所も併設されているように、寺院といいながら、すでに日本風の神仏習合のかたちが整っていた。哲学としての神仏習合が成立し、日本の仏教が始まるまでにはまだ時間を要するが、寺院のかたちの上では神と仏は一体のものとして受け入れられていた。

厩戸皇子の生涯は、のちに聖徳太子と呼ばれて神格化され、美化されたものであったとしても、

山田寺跡の東からの眺め（桜井市）

1974年の調査で八角形墳と判明した中尾山古墳（明日香村）

残された記録が語る範囲だけでも、十七条憲法にはめ込まれている思想、寺院の建立や仏像の彫刻、『三経義疏《さんぎょうきしょ》』に見る仏典への理解など、たとえ全部が厩戸皇子の記録ではなかったとしても、仏に帰依する姿勢ははっきりしている。

遺跡と王族、豪族

飛鳥時代を遺している遺跡には目を見張るものがある。前方後円墳は巨大化することによって建造する大王の権威を見せつけようとしてきた。それが、飛鳥時代になると、八角墳墓に大王を弔うようになった。その実際の姿が、今も牽牛子塚古墳、中尾山古墳らによって見られるというのはわかりやすい実態である。

石舞台も特殊な様式の墳墓である。大王の墳墓と様式を異にしてはいるが、これだけの巨石を整えることができるのはよほど実力のある豪族である。大王に匹敵する力をもっていた蘇我馬子が葬られているとすれば、八角墳との対比が分かりやすい。

高松塚古墳、キトラ古墳の発掘は、飛鳥を知る上で大変貴重な事業だったといえようか。残念ながら、被葬者の特定は難しいようであるが、描かれた像には、当時の東アジア文化の一体感が醸し出されているし、貴人への追慕のかたちをあとづけることができる。余談になるかもしれないが、傷んだ壁画の修復にかける日本の技術と意欲もまた、遺産を尊ぶとは何かを問いかける行為といえよう。

すでに世界遺産に登録されている法隆寺を別にしても、日本最古の寺院で、はじめ蘇我氏によって建立されたものの、やがて国家鎮護の寺院として尊崇された飛鳥寺、乙巳の変に微妙に関わる蘇我倉山田石川麻呂の開基とされる山田寺、それに、平城京へ移された薬師寺との関わりが問われる本薬師寺など、貴重な寺院の遺跡も数多く残されており、豪族との関わりが研究され、保全への努力が重ねられている。

遺跡を保全するとはどういうことか

飛鳥時代を一言でいえば、日本列島で律令制度が確立し、天皇を頂点とする政治体制が整い、日本国の存在を自他共に認めるようになったことである。歴史として、その事実を認識する時、権力者を明示した政治体制をあとづけるのと並行して、その当時の人々がどのように暮らしていたか、にも関心が及ぶのももう一つの事実である。日本史の研究領域で、さまざまな文献や遺跡などの実証を駆使して、いわゆる歴史をあとづける努力が成果を結んでいる。それに加えて、幸いなことは、すでに八世紀に編纂された『万葉集』が、当時の日本列島の植生や景観を読み取るいい資料であることが明示されている【註2】。植生や景観などの自然環境の変遷は、自然科学の手法であとづけられるが、それだけでなく、詩歌がその指標となるのは(ここではその背景に深入りすることはしないが)、日本における特殊な事情であり、日本人の自然観を明示する事実である。

飛鳥宮跡を訪ねた時、同行していた本書の編集者から、隔壁跡に植えられている植物の名を尋ねられた。イヌツゲが植えられていた。現代では、普通の民家などでイヌツゲの垣根が作られるのは平均的である。私の自宅前の道路沿いにも、イヌツゲが幾株か並んでいる。ただし、イヌツゲは日本の自生植物であり、本州にも生育するが、栽培化されて民家周辺に植栽されるようになったのは江戸時代以降と考証される。当時の飛鳥宮域に栽植されていたとは考え難い。

参考のためであるが、イヌツゲはツゲとは植物学的には別物である。名前が似ているように、見かけに似た点はあるものの、ツゲはツゲ科、イヌツゲはモチノキ科に分類されるように、系統的には差が大きい。ツゲは木工の材料にされ、古来櫛などが作られていたので、『万葉集』にもその名を見る。最近では民家の周辺に植栽されるイヌツゲは、古典にその名を見ることがないが、栽培型が普及したのが江戸時代からだったからだろう。もっとも、造園家などは、イヌツゲを指してツゲと呼ぶことも珍しくなく、その場合、ツゲのことをホンツゲといったりする。少々ややこしい呼称の混乱である。

畏友服部保氏から、藤原宮跡をコスモスで飾ろうと活動している人たちがあると聞いた。秋桜の景観は広大な宮跡に彩りを添えるかもしれない。太宰治に「富士にはツキミソウがよく似合う」という名言がある。外来種でも日本の自然に馴染んでいるものがないわけではない。しかし、七世紀末から八世紀初頭の大和の遺跡に明治時代の初めに日本列島に導入された植物が育成されているというのは、世界文化遺産をめざす資産としてはいかがなものだろうか。

本薬師寺跡では、ホテイアオイの栽培地という大きな看板に驚かされた。寺跡に派手な花を飾って訪れる人の心の癒しに供しようというのであろう。気持ちはわからないではないが、ホテイアオイは世界の侵略的外来種ワースト一〇〇にあげられており、日本でも生態系被害防止外来種に指定されている。見かけが華美とはいうものの、古代の遺跡である文化遺産の景観を彩るのにふさわしい要素とはいえない。

コスモスは、秋の七草のフジバカマに置き換え、ホテイアオイは日本在来のミズアオイにすればいいというので、その準備を始めようとすれば、これらの在来種も『万葉集』などに示唆されるように、飛鳥時代の大和にはあったはずだが、今では見当たらないという。服部氏が兵庫県の植物を提供して試作されているが、これも逸出を避けるように栽培しないと、地域個体群ごとに生き物の遺伝子構成には変異があり、人為によって自然の生物分布に変動を加えることには、外来種の侵入と同じ危険性があることを認識したうえで行動しなければ、景観を糊塗することに成功しても、遺産にとってはとんでもない破壊行為を加えることになる。

こういうことを語れば、文化遺産を話題にする際に、なぜ遺跡に直接関係ない問題を持ち出して、足を引っ張るような議論をするのかと気を悪くする人があるかもしれない。実は、そのことをこそここでは問題にしたいのである。文化の多様性はそれを育てる多様な自然環境のすがたに決定的な影響を受けている。砂漠に生まれた文化と森林が育てた文化を対比させてみるまでもない。日本列島には、単一の民族が支配を広げることはなかったようであるが、それならばこそ、そこに住み着いた人々が作り出した文化は、遺伝的にまとまった民族の性格よりも、それを育てた自然環境に左

橿原市の昆虫館に植栽されているフジバカマ。古代遺跡は、できるだけその時代の雰囲気を彷彿させる状態であってほしい。フジバカマが日本列島で栽培されるようになったのは奈良時代には確かなことであるが、飛鳥時代にどの程度栽培されていたものだろうか。飛鳥時代の国際交流にも関わりのあることだが、そのころ香草フジバカマが中国から導入もされたのだろうが、これは日本に自生する植物でもある。ただし、奈良県やその周辺には、今では日本の自生型はもう見られないという。橿原市に栽培されている型も、兵庫県加古川市に自生している株を移したもので、こうなれば栽培植物扱いになり、地方ごとに異なる遺伝子型に留意して、逸出を避ける栽培が期待される。それでなくても、現在日本でフジバカマという名で販売され、栽培されている植物の多くは、フジバカマとサワヒヨドリとの雑種のサワフジバカマである。フジバカマは日本人が好むだけでなく、アサギマダラが吸蜜に集まるそうで、昆虫館にもふさわしい植物だということである。

右された部分が大きかったはずである。

日本列島に住み着いた人たちが、自然環境の影響をもろに受けて文化を育ててきた実態は、育てた文化そのものが記録してきた。『万葉集』をはじめとする古典に、日本人の抒情が自然の要素を通じて語られてきた。東アジアの広域の文化交流が日本列島に及んでも、日本文化の独自性は語り口にも示されてきた（それが、明治以後の広域化によって、自然環境など人の資源の生産場所としてしか見なくなったために、日本人の美徳が見失われてきた現実は寂しいものである）。

飛鳥時代に実体を見せるようになった日本文化は、技術的な広域化を巧妙に取り入れながら、自然と共生する日本の独自性を発揮してきた。渡来人と呼ばれる人たちが建立した寺院には、日本独自の神仏習合が育ってきたが、ここにこそ自然と共生し、もったいないと語り合って自然を畏敬してきた日本人の、他に例を見ない文化が生かされていた。その日本人のこころが、飛鳥時代の人々の生業から読み取れるのではないか、そして、それは科学の個別の領域における実証的な研究だけでは読み取れない文化の実体を明かすために必要な追跡なのだと強調したいところである。

自然環境に育てられた文化

大方の認める説に従って、飛鳥時代は、日本国が確立した時期だという考えから本稿を始めた。ただし、ここで国をつくった人々のうちに、渡来人といわれる人たちが大きな力をもったという常識とは、私は少し異なった見方をしている。もともと、日本人というまとまった民族（＝遺伝的に単一な個体群）は存在しないというのが、定説とはいえなくも、現在の多数派の考え方である。北から、西から、南から、いろんな時期に日本列島に入り込んだ人々が、日本列島で（闘争を繰り返した後にかもしれないが）、交雑を重ね、時間をかけて、今では日本人と呼ばれる集団をつくってきた。

飛鳥時代の渡来人も、日本列島に流入して、日本人の祖になった人々のうちの一団だったのである。そういえば、六、七世紀頃の東アジアでは、国という意識は今と比べれば随分緩やかで、人々の交流は結構活発だったようである。日本列島に住む人たちのうちに、百済語が理解できた人は多かったようで、今の日本列島で英語が通じるよりももっと馴染んだ言語だったかもしれない。

逆に、日本といっても、東は新潟から静岡あたりまでで、東北地方の蝦夷《えみし》を征討するための征夷大将軍は、ずっとのちの幕府の長の官職名になる。因みに、最初の征東将軍は大伴家持で、ずっと後の奈良時代、七八四年に任じられている。その頃の蝦夷（や粛慎《みしはせ》）と、アイヌと呼ばれるようになった人たちとの文化の関わりについては、まだ分かっていない点が多い。南の方も、九州南部の隼人の人たちの言葉は、倭国では通じなかったと、記紀などからも読み取れる。太宰府は朝鮮半島との交流で重要な拠点だったし、宮崎も、神武東征を信じるなら、すでに日本国と深い関係性を持ちあっていたことになるが、日本国といっても、現在の常識では考えられないような構造だったことも認識しておきたい。

飛鳥時代の倭国が今の日本と様子を異にしていたことは、一千数百年を経て、日本列島の自然環境が随分変貌していることにも通じる。柿本人麻呂はクローバーもコスモスも見ていない。山部赤人がツキミソウを見たら、富士との関係をどう詠んだだろうか。

日本人という単一の系統の個体群（民族）はなかったというが、日本列島へ流れ着き、そこへ住み着いた人々が、元は多系統でも、徐々にひとつにまとまった個体群をつくってきたのは、日本列島という自然環境のもとであった。そこで、特定の系統の生み出す文化ではなかったものの、独特の環境下で固有の文化を育ててきた。もともと、人々のもつ文化に関わる知的な能力は、遺伝子で伝えられた生理的な構造が、人間環境のもとで習得して育てるものである。どんな天才の子供でも、自分で学習しなければ、イロハを識別し、理解することができない。その意味で、日本文化は東アジア広域の文化の交流のうちで、しかし日本列島の特異な自然環境のもとで育まれてきたものなのである。そういう背景のもとでこそ、日本文化を共有する日本人がひとつの集団としてまとまりをもつようになったのが飛鳥時代だという言い方ができる。

日本人の文化の根幹にある人と自然の共生の概念は、農耕が生活の中心となった弥生時代にはすでにその萌芽が現れ、その後も、順調に展開してきたものだった。京をつくるようになった飛鳥時代には、すでに人里で自然環境を甚だしく変貌させていた。しかし、日本列島では、元来人為によって開発された場所である人里を生み出した変貌を、単純に自然破壊と決めつけることはできない。現に、「里山の自然」などという言葉がちゃんと成り立っている。自然とともに生きてきた日本人の歴史が、自然との共生を無意識のうちに醸し出していたものだろう。

飛鳥時代は日本人のこころを結実させた時代だと読み取るなら、その背景の解析は政治の動向を追うだけでなく、広範な人々の暮らしにも目を注ぐべきであるし、古代の日本の文芸はそれを読み取る多くの示唆を与えてくれる。

世界遺産の登録に向けて

飛鳥時代には日本という国家が誕生し、国としての一体感を備えた存在を完成させた。しかも、その歴史を語る遺跡等がいくつも残されており、傷んだものを修復する努力も重ねられている。自然環境下における文化の創造がしっかり記録されているのも奇跡的ともいえるほどである。神仏習合という独特の宗教観を展開することになったのも、自然との共生を生きるようになったのも、その始まりは弥生時代に求めることができるとしても、まとまったすがたをとるようになったのは飛鳥時代からである。

世界遺産は実物のすがたで残された遺跡の保全という意味ではわかりやすいが、日本人のこころが明示されるようになった機縁を、遺産として記録することの意味が確かめられることを期待したい。そのような意味で、飛鳥時代が文化遺産として注目されることを期待したいし、そうなることが求められる。私の取り上げる事実は、残念ながら世界遺産登録に向けての戦略に有力な根拠となるものではない。しかし、それならばこそ一層この事例を世界遺産の登録にむすびつける理想を追うことの意味が問われるのであり、地域の誇りを当事者が再確認することに繋がると考える。日本人のこころの礎が、人と自然の関わりのうちで正しく捉えられ、それが世界遺産登録に向けての筋道に正しく位置付けられ、残された遺跡の説明に生かされて、文化遺産の登録が遠くない将来に成し遂げられることを期待したい。

謝辞

本稿を草するにあたって、飛鳥時代の植生などについて、服部保・人と自然の博物館名誉館員にさまざまなご教示をたまわったことを付記し、感謝する。フジバカマの写真も同氏の尽力で橿原に栽培されているものである。

註

1　岩槻邦男『ナチュラルヒストリー』東京大学出版会、二〇一八年

2　服部保ほか「万葉集の植生学的研究」『植生学会誌』二七号、二〇一〇年

古代の国家デザイン

律令と藤原京

五十嵐敬喜
法政大学名誉教授

はじめに

世界中どこでも、地域を超えて「国家」が成立するためにはいくつか共通要因が存在している。それまで各地域でばらばらに生活していた人々が、外敵や自然災害・飢餓などに対して備えるために大きくまとまり集団をつくること。これらを外的要因とすれば、内的にはこれら集団が、次第に競い覇権争いを繰り返しているうちに、いずれかが勝者となり全体にある種のヒエラルキーが出来上がるということであるが、しかしそれだけではまだ「国家の誕生」とは言えない。やや近代的な観念によって国家を定義すれば、そこには国家を「統治」する元首（代表者）とそれを支える統治体制、統治の対象となる国土、そして国家の基盤となる国民の存在が確認されなければならない。飛鳥・藤原時代とは、まごうことなく大和盆地を中心にこのような国家形成にかかわるドラマが目まぐるしく展開された時代であった。

今回、世界遺産の構成資産として予定されている宮跡、仏教寺院跡、墳墓などは、いずれもこのドラマを様々な角度から直接・間接に立証するものである。しかし、このような資産は、実は多かれ少なかれ、世界各地の国家形成にも見られるものであり、それらが直ちに世界遺産にいう「普遍的価値」を証明するものなのかどうかは、なお慎重に検証されなければならない。

結論的に言えば、飛鳥・藤原時代の特色は、「天皇制」という千数百年を経過した現在でも引き継がれている日本固有の制度と深くかかわり、さらにその制度を空間とし具体化する「藤原京」という巨大な都市（首都）の建設が、いわば車の両輪のように同時並行的に進められた（そのどちらが欠けても成立できない）という点にあるのではないか。

本稿はこの両輪とその関係を見ていこうとするものである。ただ、その前提として、天皇制と深くかかわる『日本書紀』『古事記』や『続日本紀』などにおける（そもそも聖徳太子は存在したか否かという論争に見られるような）真偽の問題、また藤原京もそのほとんどが地下に埋もれて視覚的に確かめることが困難であるという問題に関しては、通説的な見解に基づいて本論を展開していくことにする。

国家への芽生えと十七条憲法

天皇制は、天皇という神がまるで「星」のように忽然と空中に浮かんでいるようなものではなく、日常的な政治的な体制によって支えられることによって国家のシンボルとなる。この天皇制を支える日常的な政治体制のことを「律令体制」というが、この律令体制への導火線となったのが聖徳太子による十七条憲法の制定であった。

聖徳太子は周知のように、当時「仏教の受容」を巡る、物部と蘇我の争いのなかで勝利し、推古天皇の摂政となって、国のあるべき姿としての「憲法」を制定した（遣隋使派遣、冠位十二階、法隆寺建立などの業績と不可分である)。これは国家成立への芽生えとでもいうべきものであり、後の中大兄皇子と中臣鎌足による「改新の詔」四か条につながっていく。当時彼らは、まだ「倭国」としかよべなかった「地域」をどのようにして「日本国」に昇華させていったのか。まず十七条憲法(六〇四年)を見てみよう。

これは「憲法」という名称がつく日本最初の法であり、かの有名な「以和為貴」がその第一条を飾っている。もっともこの憲法には、近代憲法のような、国家の統治体制に関する視点はほとんど見られない。当時の体制を支える役人(臣)に対する「道徳的規範」であるという見方が一般的である【註1】。しかしこの憲法には、役人だけでなく、政《まつりごと》の頂点にある天(当時はまだ君あるいは大王)を支えるために、「仏教」とともに、「民衆」(条文上は人、人民、百姓、民といったような言葉がみられるが、本稿ではこれらを総体として民衆とする)を登場させていることを忘れるべきではない。民衆は、一方で、君に対する忠誠を誓わなければならないもの、他方で民衆に対する官の在り方を説く対象として登場する。

早速、十七条憲法の中から直接この民衆にかかわる、四、五、十二、十六条を見てみる。

第四条　「民を治める基本は真心。其れ民を治める本は礼に有り、百姓礼有るときは国家自ら治まる」

これは、国家は民衆なくして成立せず、民衆に礼(秩序を守るための正しい方法)がないと国家は治まらない、というものであるが、いささか普遍化していえば、現代の国家論にも当てはまる国家と民衆の在り様を説いたものである。

第五条　「百姓の訴えは一日に千件ある。この頃、訴えを治めるもの、利を得るを常とし、賄をもらう。すなわち財あるものの訟は、石をもって水に殴るごとし、乏しきものの訴は、水をもって石に投げるに似たり。ここをもって、貧しき民は所由《せんすべ》を知らず」

飛鳥・藤原時代の人口はおおよそ五〇〇万人とされている。そのなかで誇張はあるとしても一日一千件の訴訟があるというのはただ事ではない。これは大きく古代時代から「もめごと」（君あるいは豪族との関係、さらには民衆の間で）が絶えないと、民衆はこのもめごとについてただ黙するだけであった状態から、力による抗議、さらに裁判（当時裁判所は存在しない。郡司などに対するアピール）に訴えることのできる自由な存在となってきたことを知らせている。興味深いのはこのような状態を見た聖徳太子が、裁判官が賄賂をもらっているとし、その粛正を命じていることである。ここには民衆に対する公平な裁判権の保障がなければ、天は治まらないという現代にも通じるデモクラティックな思想を見ることができよう。

第十二条「国司国造は、百性を自分のためにとり立ててはならない。すべての百姓は王を主君とする」

この規定は、六世紀から七世紀にかけての王権のもとに組織化された国造制の中での百姓の位置をあらわしている。つまり百姓はそもそも王のものであって、国司や国造りの所有物ではない。いわば王と一体となった「主権」者である、と読むことも可能ではないか。

もちろん現在の「国民主権」、つまりすべての成否は最終的には国民が決めるという思想からいえば、当時はあくまで「王」のもとにあり、その従属関係は免れない。しかし、ここでの王は実在だけではなく、宇宙・万物の支配者、神であるというような見方からすれば、民衆は国司国造より上という一点で、相当の位置づけを与えられているのかもしれない。

第十六条「民衆を使役するに季節を選ぶは、昔からの良い手本」

これは百性が一番忙しい季節には公務に駆り出してはいけないというもので、ここでも百姓の立場を重視していることがわかる。

しかし、民衆を重視した聖徳太子の憲法制定にもかかわらず、これも道徳的規範に終わり、その後約四〇年後、推古朝のもとで、蘇我一族は思うままに王権を操る。その横暴は、王権の相続争い

聖徳太子ゆかりの法隆寺（奈良県斑鳩町）

などを絡めた蘇我入鹿による、聖徳太子の子山背大兄王など一族全部の虐殺となった。大化の改新（六四五年、乙巳の変）は、この蘇我一族に対する中大兄皇子（のちの天智天皇）、中臣鎌足（のちの藤原不比等の父）らによる、クーデターであり、それは豪族らによる古代の王権政治の廃止を告げる鴇の声であり、同時にこの民衆が「権利」を獲得する狼煙となった。

大化の改新と民衆の地位

新しい政治が始まり、翌六四六年にはその骨子が「改新の詔」に示される。中でも先の十七条憲法で見た「民衆」が、「権限と義務」を有する人格として姿を現し始めたことに注目しなければならない。

第一条　昔の天皇の立てた子代《こしろ》の民・各地の屯倉《みやけ》と、臣・連・伴造・国造・村首《むらのおびと》の所有する部曲《かき》の民・各地の田荘《たどころ》を廃止する。
第二条　京師《みやこ》の制を定め、畿内・国司・郡司・防人・駅馬・伝馬などを置く。
第三条　戸籍・計帳・班田収授の法を作り、五十戸一里・田租の制を定める。
第四条　田の調・戸別の調・調の副物の制を定め、菅馬・兵器・仕丁《しちょう》・采女の賦課法を定める。

この四条の詔は、クーデター後の、新しい政治の根本原則を述べたものであるが、この原則はその後、飛鳥浄御原令（六八九年）、大宝律令（七〇一年）【註2】などによって具体的に法として制度化されていく。これを「律令体制」という。新しい政治とはこの律令体制のことであり、これによって国家の成立要件の一つであった「統治」の構造が確立していくのである。その制度を詳しく見ていこう。

天皇制

律令体制はクーデターの当事者である中大兄皇子（後の天智天皇）などによって開始され、その後兄弟間で血で血を争う古代最大の内乱「壬申の乱」（六七二年、皇帝である大海人皇子、後の天武天皇が勝利する）を経て、天武天皇及びその后である持統天皇によって遂行された。

天皇制は律令体制の中の根幹中の根幹であり、これがなければすべてがない。しかし、実はこの律令制には何ら規定がない。

天皇は今や国土創造の神の子孫であり、「人間として現れている神」である。柿本人麻呂が天武天皇（あるいは持統天皇）を「大君は神にしませば」（万葉集）とよんだ歌は天皇権力の確立を示す。全国土、民衆は天皇が所有する（公地公民）。天皇は法を超越するものであり法に規定される必要がない。この黙示の宣言によってそれまでの豪族が個別にその氏人や部民支配する仕組みが廃止され、天皇を頂点として、天皇が命じた官僚が律令制に基づいて全人民と全国土を支配する、「公地公民体制」が生まれた。すなわち日本国の誕生である。

官僚制

官僚制とは「専門化、階統化された職務体系、明確な権限の委任、文書による事務処理、規則による職務の配分といった諸原則を特色とする組織・管理の体系」（広辞苑）をいう。そこでは、行政は恒常的な規則に基づいて運営され、上位下達の指揮命令系統を持つ、といった特色がある。

大化の改新以前、豪族は自分の領地と民衆を支配し、大王は豪族の中の最強の支配者であり、豪族と同じように土地・民衆を支配していた。支配するために役人も持っていたが、これらはいずれも血縁や個人的な感情で結ばれた人々であり、その職務も甚だ漠としたものであった。いわば「家父長制的な支配に基づく官僚制」であったと言えよう。大化の改新はこれをすべて天皇のもとに統一（各豪族はその力に応じて上位の役職に就く）し、全国民を支配する形態に作り替えている。行政は天皇から任命された官僚（俸給を支払われる）によって、法と機構を通じて実現されるようになったのである。

身分制・冠位制

身分は正一位から少初位までの三十階（十二冠位は細分化される）に区分される。一万人前後の官人で、約五〇〇万人の民衆を統治したといわれる。

行政の組織

二官・神祇官（天皇の祖先神々を祭り、神社を管理する。これは天皇＝神にとって必須な組織）と太政官（一般国政行い、左大臣と右大臣が置かれる）を筆頭に、その下に行政は大蔵省など八省に分割され、それぞれ専門官によって執行される。

このような身分と組織による行政は、その名称や内容は、時代に応じて変遷するが、大蔵省という名称がつい最近まで使用されていた（現財務省）ことからもわかるように、極めて先見性のある改革であった。

国と地方

同じように、このような抜群のアイデアは国と地方の関係にも見られる。すべての民衆を天皇のもとに治めるため国は全国に行政の網を張り巡らした。しかし、すべての事象について、国が直接支配するのは不可能であり、現在の「自治体」のような地方行政組織「郡」が設置される。国・京をのぞいて六〇余の「国」と「郡」がある。「国」には「国司」が派遣され、国司は行政、国政にかかわる裁判、軍事・警察などを担当した。国司は四年で交代する。郡の長は「郡司」とよばれ、地元の豪族から任命されている。これはいわば地域ごとに独自に政治・行政などを行っていた豪族を新たな国家に組み入れる有力で賢い方法であった。里長とは郡の中のさらに小さな組織であり、里は住民五〇戸ごとに編成され、この集合体が郡となる。里は、国家権力の最末端の組織として、直

飛鳥宮跡（明日香村）

接民衆と接して、徴税、警察、戸籍作業などを行う。

このような国と地方の関係とその形態は、もちろん組織や人員がすべて天皇によって任命され、さらに政権交代がないというようなシステムであり、現在の国民が総理大臣（間接選挙）や知事・市長（直接選挙）を選挙で選び、政権交代をしていくシステムとは根本的な差異がある。しかし、この時代に国と自治体による「二元的な行政」という発想がこの時点で生まれかつ機能したという点は、国家組織論として画期的なものであった。

民衆の権利と義務

聖徳太子によって、道徳的なレベルとはいえ公的に初めて登場した民衆は、律令制のもとで、「権利と義務」（ただし、これが侵されたら法的に反撃できるという絶対的なものではない）が制度化されるようになった。奴隷のような国家の客体から主体的な対象になったのである。それを示すのが戸籍、税、そして班田収授である。それぞれについて見ていく。

戸籍（庚寅年籍）六九〇年

民衆が主体となる第一歩は戸籍（国籍）の編成である。かつての名も無き民衆はこの戸籍（戸令・庚寅戸籍、六年ごとに改訂）によって「名のある人」となり、当該民衆に人としての「個人の確立」と「社会の一員」であるという自覚を与える。戸籍は無名の人々を歴史に登場させるようになったのである。なお、各個人は各戸（家）にまとめられ、さらに、この家が五〇戸ほど集まって、里となり、これが律令制国家の末端の組織となる。戸主は、毎年、戸の内訳を示す計帳（税金・賦役などの基礎資料となる）を作成しなければならない。

税

国家は労力を含めて収入がなければ維持できない。国家の形成によって、国家の収入は民衆の納める税が基本となる。税は当時「租庸調」と呼ばれ、次の三種に分かれる。

租——田地にかかる租税。

庸——京での労役。ただし中央での年間一〇日間の労働の代わりに、布、塩、綿などを納めることもできる。

調——各地での産物を中央に献上するもの。絹・布、鉄、鍬、塩、鮑、鰹、ワカメ、海苔などが集められた。

そのほか雑役（年間六〇日を限度とする労役）、兵役（防人）も忘れてはならない。この税が、民衆にとってどの程度の負担となったのか必ずしも明らかではないが、労役の過重な負担によって農作業に支障をきたしたとか、あるいは過酷な税に耐えかねて「逃散」したということも事実であろう。十七条憲法の第十六条「民衆が一番忙しい季節に公務に駆り出してはならない」という原則は守られていなかったのであろうか。

班田収授法　六九二年

大化の改新は土地を公的に収用し、改めて民衆に対して一代に限り「班田貸し与える」（口分田という。良民男子に田二段［約二四アール］、良民女子に田一段一二〇歩［一六アール］など）というのがこの法である。名もなき民衆に対して、戸籍による名前だけでなく、財産権を保障するというもので、物心両面から、個々人の人格を認めた画期的なものといえよう【註3】。自分のものを持つという意識（権利）は、ただ、「上」の者のために働く「奴婢」と異なって、主体性の物質的基盤となる【註4】。

藤原京への遷都と律令体制の空間化

律令体制の構築によって国家を創った天皇にとって、もう一つ絶対に欠かせない課題があった。それはこの日本の偉大なる国家の成立を、国内だけでなく、国外にも具体的に知らしめようという「天命」である。それが「都」の建設であった。

「都」は律令体制を永遠なものにしなければならず、そのためには天皇の交代ごとに「宮」を構える（歴代遷宮）という制度を一掃しなければならない。また律令制国家というものの全体を実現したのが藤原京であった。

それでは、そのような都市とはどのようなものでなければならないか。その設計にあたっては、次の課題が絶対条件となる。

永遠の統治

天皇は飛鳥京までのいわば閉じられた「公・私」と一体となった空間から、開かれかつ威厳に満ちた政治・儀式を行う場としての大極殿や朝堂院と私生活を営む内裏の分離した空間の中で代々の天皇が日本国を統治していく。

律令体制のヒエラルキーと空間

都は天皇の大極殿を頂点に、その周囲に律令制の秩序に準じて、これを支える官僚たちの官衙施設と、上級職として政治に携わる貴族たちの住居などが配置される。人々は大門を通らなければ都に入ることができず、門をくぐると広い道は一直線に大極殿につながる。

国際都市

新しい都は律令制のモデルとなった隋・唐が構えた都と同型なものでなければならない。律令体制は隋・唐の宮殿、城郭による防御、都市内部の「方形区画」などによって実現される。これは律令体制の国際モデルであり、それによって日本の首都も国際都市として認知される。

仏教国家

新しい都市は律令国家であると同時に、聖徳太子憲法以来の「仏教国家」でもある。それは隋、唐あるいは百済、新羅、高句麗などにも共通し、仏教国家のシンボルとしての「九重塔」などが建築されている。日本でも大官大寺、薬師寺など祈りや救済のための寺院が建立される。

市場

都市とは、天皇が支配する空間であると同時に、それをささえる民衆が生き生きとくらし、様々な物資を交流する場でもある。その交流接点が「市場」である。

都の建設は日本で実質上史上初めて天皇となった天武天皇の詔「都をつくるべき地を視占しめたまう」（六八四）から始まり、その「天命」は天武天皇死去後、その皇后であった持統天皇によって受け継がれた。六九一年地鎮祭が行われ（当初新益京と呼ばれた）、持統八年（六九四）に完成し、和銅三年（七一〇）まで継続する日本で最初の都市（持統、文武、元明の三代天皇）となったのである。

平城京遷都後、放置されたまま農地となって地下にうずもれていた藤原京は、特に戦後本格的に文献学や考古学など学問のメスが入り、少しずつ輪郭をあらわすようになった。しかしその全貌が

耳成山（手前）と藤原京跡。広大な敷地に条坊制が敷かれた

明らかになったというわけではない。ここではこれまでの成果をもとに律令体制の空間化という視点から若干、都の特色を見ておきたい。

なんといっても驚くのは「広大な都」である。藤原京は、二五平方キロ。遷都後の平城京は二四平方キロ、さらにその後の平安京二三平方キロをしのぐ古代最大の都である。都の大きさは、一般的に地形、人口、権力者の支配力、建設資材の生産や労働力の準備などなどによって。決められる。藤原京が平城京や平安京よりも大きいというのは、日本最初の都市の建設、という天武天皇・持統天皇の「天命」のスケールやそれを達成するための意志の強固さをあらわしているのではなかろうか。

藤原京には洛陽や長安などのような外敵防衛のための城壁はない。当時、「新羅」などの脅威が薄れ平和になったからであろう。内部には幅一七メートルの朱雀通りを中心に、条坊制が敷かれ、東西南北に道路(幅二メートル、深さ一メートルの排水などのための側溝を持つ)と碁盤目状に区画された街区がつくられた。この都の中心(平城京、平安京は北端)に、周囲が柱塀で囲まれた史上初めて瓦葺の豪壮な大極殿が建設された。

民衆から都市住民へ

藤原京には、三〜五万人の人がいた(全国は五〇〇万人)と推計されている。天皇、貴族・官僚(給与をもらい、毎日出勤する)、そのほかこれらに仕える舎人、采女。寺院の僧尼、地方から調・庸などの税物を運んできた人々、外国人使節などが居住した。しかし、この人口はおよそ一万人ともいわれ、これだけでは三〜五万人という人口には足りない。聖徳太子、大化の改新、そして律令体制によって、公式に認知されてきた民衆はどこへ行ったのであろうか。

民衆のうち、多くを占める百姓はもちろん藤原京の外に農地を所有しそこに住んだ。林業や漁業に携わる山人や海人ももちろん藤原京以外の民衆である。従って藤原京に住む住民としてまず想定されるのは藤原京建設にかかわる人である。藤原京は膨大な人材（賦役令に基づき全国から徴発）、木製の鍬や鋤などの道具、各地からの木材、石材、瓦など建設資材の調達と筏、船での運河搬送、陸路での牛馬と荷車による運搬など、およそ、当時日本国の持っている労働力と最先端の技術や科学（測量、建築、土木など）のすべてが総動員された【註5】ことは疑いがない。

そのなかで特に目立つのは「職人」である。当時、現在のような大型機械はなく、すべて道路、運河、側溝といった土木工事、大極殿、官衙施設、住宅や庭園など建築関連、さらには水道、トイレから墳墓まで、職人の知識と技術による手作りによってつくられた。それがどのようなものであるか、たとえば寺院の建立を想起してみよう。寺院は最新の技術と経験を持つ百済からの僧侶あるいはそれに随伴してきた監督者、作業指揮官によって設計された。彼らの指導による石工、木工、葺工、陶工、鋳工、鉄工、金工、銅工、仏工、画工、漆工などの大量で多面的で卓越した技術者によって建設されたのである。

このような職人の力と技によって「文物の儀、是に備われり」（七〇一年、正月朝賀の儀。新羅の使者も参列『続日本紀』）といわれる律令体制を誇示する大きな「都」が形成されたのである。そしてそれは、飛鳥時代の民衆の大半を占めた百姓（農業従事者、漁業、山人など）、すなわち「土地の資源」に依拠して暮らす人々から、徐々に職人、労働者、技術者、商人、事務職などなど土地資源に依存しない人、すなわち「都市住民」を生み出し、民衆イメージを根本的に転換させていくのである。

都市とは、職人以外にも、役人、僧侶、芸人などに象徴される直接生産にはかかわらない人々が生活できる（日本全体の力で彼らを支える）空間を言う。それは文化の発展を示すものでもあった。律令体制は、このようにして、本来の意味での「都市」の成立によって盤石になるのである。

藤原京は完成後わずか一六年という短期間ののちに元明天皇によって平城京に遷都された。なぜ藤原京は放置されてしまったのか。疫病、糞尿汚染、火災などなどが挙げられている。そのいずれにしてもこの偉大な都市の終焉を語るには充分ではなさそうである。天皇と民衆はなぜ藤原京から去ったのか。日本国家の誕生のストーリーは、この悲劇（謎）とともに語られる（発掘などの進展による科学的実証）ことによって、「律令と都」の同時建設という「普遍的価値」に、深い意味での一層の輝きを与えることになるのであろう。

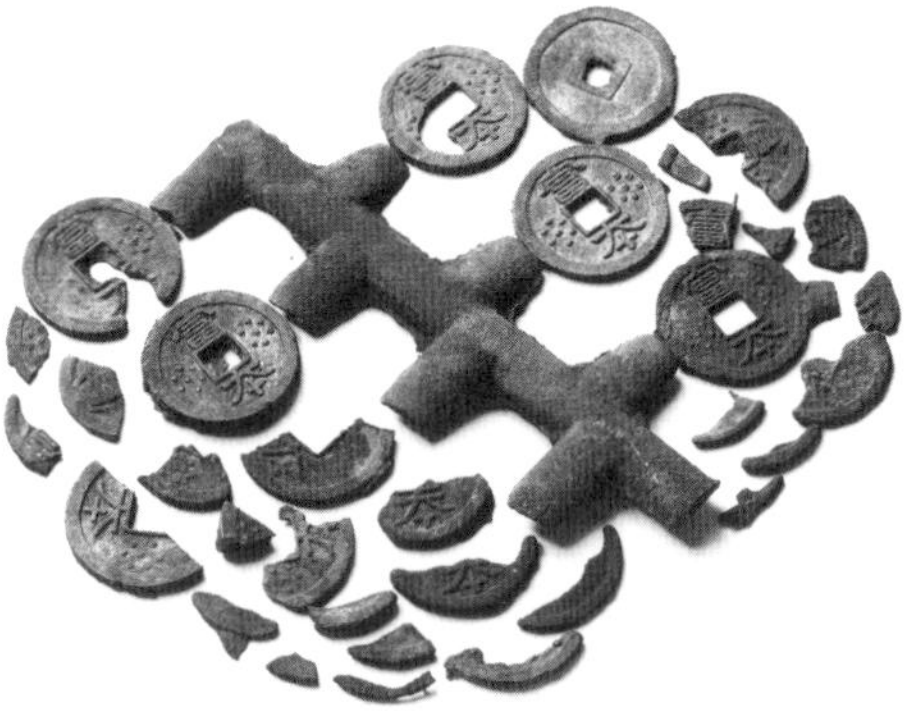

1991年に飛鳥寺の東南にあった飛鳥時代の工房跡（飛鳥池遺跡）から、数千ものガラスや金銀銅製品、木簡とともに出土した未完成の富本銭

註

1　梅原猛は、十七条憲法について同じ聖徳太子の冠位十二階制とワンセットにして読むべきであるとする。その中には「仏典、詩経、書経、論語、中庸、礼記、孟子、荘子、文選、史記、漢書」など多くの古典が取り入れられており、なかでも「儒教、法家、仏教」の影響が色濃く、この三つは根本的には相容れないが、聖徳太子は摂政という政治的体験を踏まえて、これを「統合」したと解説している（『聖徳太子』集英社文庫、一九九三年）。

2　飛鳥浄御原令は試作段階の法令で、刑法部分は整備されていない。大宝律令は律令（律は刑法、令は行政法）の青写真である。

3　この班田収受法の特徴としてもう一つ指摘しておかなければならない。それは当時「民衆」とひとくくりでいわれる人民の間に「良民と賤民」に身分差別があったが、この法律では賤民（陵墓の整備などを行う陵戸、貴族などの世襲的な隷属民である家人など）にも良民（貴族などのほかに、戸籍に登録される一般農民）の三分の一の口分田が与えられた、ということである。これをどう評価するか、古代社会の構造の研究にとって重要なテーマである。

4　口分田所有は、一代限りという制約があったため、さらに農業に専心させかつ開墾意欲を高めさせるために、「三世一身法」（七二三年）、さらに三世代を超えて「永遠所有」を認める、「墾田永年私財法」（七四三年）が制定され、この法が後の貴族や寺院の「荘園」（私領化）発生の基礎となった。付言すればこの土地所有権の変遷、つまり公地公民にいう民衆の自己所有の崩壊が、律令体制の崩壊の要因となっていくのである。

5　大林組の試算によると、仁徳天皇陵を建造するため、一日二〇〇〇人が従事労働したとすれば完成まで一五年八か月（延べ人数六八〇万人）を要するという。古墳とは比較にならない規模の藤原京の建設が、どれほどの労働力を要したか、それは建設資材を含めてどのようにして集められたか、なぜ可能であったのかなどの研究は、国家誕生にとって不可欠である。

参考文献

竹内理三編『土地制度史』山川出版社、一九七三年
大津透ほか編『古代天皇制を考える』講談社学術文庫、二〇〇九年
熊谷公男『大王から天皇へ』講談社学術文庫、二〇〇八年

『万葉集』のなかの明日香と藤原

井上さやか
奈良県立万葉文化館指導研究員

はじめに

『万葉集』はおよそ七〜八世紀の和歌を収載した、現存する日本最古の歌集である。伝説的な人物の作歌とする例もあるが、実質的なはじまりは舒明天皇の「国見」の歌（巻一・二番歌）であり、六三〇年頃〜七五九年の約一三〇年間に亘る歌が残されている。その間、飛鳥に諸宮が営まれた時代を経て六九四年に藤原京へ遷り、七一〇年にはさらに平城京へと遷都した。当時と現在の生活環境は大きく異なるが、法律や官庁制度や貨幣経済など現代に通じる社会的な仕組みが整備された時期であり、歌には現代人に共通する感情があふれてもいる。

『万葉集』は全二〇巻、約四五〇〇余首の歌から成る。さまざまな内容の歌があるが、大きくは「雑歌《ぞうか》」（公的な儀式の歌や旅の歌）・「相聞《そうもん》」（恋の歌）・「挽歌」（死に関わる歌）の三つに分けられている。約四八〇首もの自作歌を載せる大伴家持《おおとものやかもち》が編纂に関わったとみられるが、巻毎に編集方針は異なり、一〇〇年以上に亘る歌が収められてもいることから、一人の人間が一気に編集した書物とは考え難い。

また、『万葉集』はすべて漢字で書かれていた。独自の文字を持たなかった古代の日本では、古代中国語の文字であった漢字を用いて自国語を書き記す工夫をした。漢字の意味は関係なく発音だけを示す一字に一音をあてる表記の仕方は、『古事記』『日本書紀』や木簡史料などにもみられるが、とくに『万葉集』に例が集中することから「万葉仮名」とも呼ばれる。そうした用例をもとにしつつ、平安時代頃には、現代日本語にも必須のひらがなやカタカナができたと考えられている。

本稿では、『万葉集』において飛鳥京、藤原京がどのように詠まれているかについて紹介する。

『万葉集』のなかの飛鳥

古代日本の歌は、文字ありきではなく口承の文学として成立した。その名残は枕詞《まくらことば》と呼ばれている修辞方法などにみられる。枕詞とは、地名など特定のことばを修飾する、いわば決まり文句である。枕詞は現代語に訳せないことが多く、語調を整えるだけの意味の無いことばとして処理されてしまうことすらあるが、本来は意味の無いことばなどではなく、何らかのイメージの連鎖を意識して使われていたと思われる。そのうちの一つである「飛ぶ鳥（の）」は、アスカという地名にかかる枕詞であり、土地に対するほめ言葉であったとみられる。

和銅三年庚戌の春二月、藤原宮より寧楽宮に遷りましし時に、御輿を長屋の原に停めて迥《はる》かに古郷《ふるさと》を望みて作れる歌〔一書に云はく、太上天皇の御製といへり〕

飛鳥《とぶとり》の明日香《あすか》の里を置きて去《い》なば君があたりは見えずかもあらむ　（巻一・七八）

〔『万葉集』は原則として、中西進『万葉集　全訳注原文付』（講談社）に拠る〕

鳥がたくさん飛ぶのは、そこに鳥の餌となる魚や虫が豊富にいるからであり、それは人間にとっても豊かな恵みをもたらす土地であることを意味する。アスカの地を象徴することばが「飛ぶ鳥」であり、「飛ぶ鳥」と言えばアスカの地が連想されるまでに歌の表現が定着してはじめて、アスカを「飛鳥」という文字列でも表せるようになったと考えられる。

「飛鳥」は、現在の明日香村の大字名のひとつだが、一般には飛鳥浄御原宮などの歴代の宮が営まれていた大字岡を中心とした一帯の古代名として認識されている。一方、現在の「明日香村」という村名は、一九五六年（昭和三一）に、旧高市郡阪合村・高市村・飛鳥村が合併した際に採用された。「飛鳥」は『日本書紀』などにみられる表記であり、『万葉集』においては「阿須可」「安須可」などの一字一音表記を除くと、むしろ「明日香」と表記される場合が多い。

飛鳥岡本宮・飛鳥板蓋宮・後飛鳥岡本宮・飛鳥浄御原宮といった歴代の天皇の宮が営まれた地は、現在、「飛鳥宮跡」として国の史跡に指定されている。志貴皇子《しきのみこ》が藤原京遷都後に飛鳥宮を詠んだ歌は有名である。

明日香宮より藤原宮に遷居《うつ》りし後に、志貴皇子の作りませる御歌

采女《うねめ》の袖吹きかへす明日香風都を遠みいたづらに吹く　（巻一・五一）

采女とは天皇の身の回りの世話などに従事した才色兼備の女官のことをいい、袖の長いきらびやかな服を着ていたらしい。高松塚古墳壁画の女性たちを想起させる。その袖を吹き翻す明日香の風は、都が遠くなってしまったのでむなしく吹いているという歌である。ただし、飛鳥宮と藤原宮とはせいぜい五キロ程しか離れていない。藤原京は日本初の中国式都城であり、律令国家形成の画期であったともいえることから、実際の距離ではなく、心理的な隔世の感を表現したのではなかったかといわれる。

また、平城京遷都後に活動した山部赤人《やまべのあかひと》も、聖武天皇代に古京飛鳥をしのぶ長歌を残している（巻三・三二四、三二五）。現実には飛鳥に高々とそびえる山も雄大な川もないのだが、中国文学を学びそれを倭語化して理想の景を表現することで、飛鳥を旧都として思慕し、絶えず通うと表明した。

さらに、天平勝宝四年（七五二）に至っても天武天皇をたたえる歌が口承されており、あらためて記録されていることは特筆に値する。

壬申の年の乱の平定せし以後《のち》の歌二首

大君《おほきみ》は神にし坐《ま》せば赤駒の匍匐《はらば》ふ田居《たゐ》を都《みやこ》となしつ

右の一首は、大将軍贈《ぞう》右大臣大伴卿《まへつきみ》の作　（巻一九・四二六〇）

大君は神にし坐せば水鳥《みづとり》のすだく水沼《みぬま》を都《みやこ》となしつ〔作者いまだ詳《つばひ》らかならず〕（巻一九・四二六一）

右の件《くだん》の二首は、天平勝宝四年二月二日に聞きて、即ち茲《ここ》に載す。

「大君は神にし坐せば」とは、天皇の威徳をたたえる特異な表現であり、後句に人間業では実現不可能な内容を詠むことで神性を強調した。壬申の乱（六七二年）の平定は、それほどの偉業として八〇年後に再び顕彰されたことになる。当時の平均寿命が現代よりもかなり短かったことを思うと、異様ともいえるだろう。当時すでに上皇となっていた聖武天皇は在世時から天皇行幸やそうした儀礼の場における長歌を復活させるなど、皇統のルーツとして天武・持統朝を回顧する政策をとった。そしてこの八〇年前の歌が掘り起こされ記載された天平勝宝四年（七五二）二月とは、東大寺の大仏開眼会の直前にあたる。そこに、ルーツとしての天武天皇の飛鳥浄御原宮をあらためて顕彰し印象付ける必然性があったとも考えられる。

奈良時代には、飛鳥は「故郷」とも表現された。

大伴坂上郎女の、元興寺の里を詠める歌一首

故郷《ふるさと》の明日香はあれどあをによし平城《なら》の明日香を見らくし良しも

（巻六・九九二）

飛鳥が「故郷」であるという共通認識は、歴代の天皇の宮が営まれた記憶に基づくと考えられる。しかも『万葉集』の実質的な幕開けが飛鳥岡本宮で政治を行った舒明天皇の国見歌（巻一・二）からであり、『古事記』はその序文において編纂の契機を天武天皇の発言に求め、『日本書紀』は飛鳥浄御原宮で政治を行った最後の天皇である持統天皇をもって閉じていることをみても、奈良時代の人々にとって飛鳥が格別な意義を持つ土地であったことは疑い得ないといえよう。

『万葉集』のなかの藤原京

天武天皇の遺志を継いだ持統天皇は、持統天皇八年（六九四）に藤原京に遷都した。藤原京は日本初の中国式都城として、碁盤の目状の街並みが計画的に築かれた。その頃に詠まれた歌が『万葉集』に収載されている。

藤原の御井の歌

やすみしし　わご大王　高照らす　日の御子　荒栲の　藤井が原に　大御門　始め給ひて
埴安の　堤の上に　あり立たし　見し給へば　大和の　青香具山は　日の経の　大御門に
春山と　繁さび立てり　畝火の　この瑞山は　日の緯の　大御門に　瑞山と　山さびいます
耳成の　青菅山は　背面の　大御門に　宜しなへ　神さび立てり　名くはし　吉野の山は
影面の　大御門ゆ　雲居にそ　遠くありける　高知るや　天《あめ》の御蔭《みかげ》　天《あめ》知るや　日の御蔭の
水こそば　常《とこしへ》にあらめ　御井の清水　（巻一・五二）

短歌

藤原の大宮仕へ生《あ》れつぐや処女《をとめ》がともは羨《とも》しきろかも　（巻一・五三）

右の歌は、作者いまだ詳らかならず。

この長歌では、香具山・畝傍山・耳成山という大和三山に囲まれた場所に清らかな水が湧いていたことが表現されており、香具山は東側の門に向かって、畝傍山は西側の門に対して、耳成山は北側の門の前に、そして吉野山が南側の門の遠くかなたに、藤原宮を守るように位置していることが重要であったらしい。これは当地が四神相応の地であることを示していたとみられ、新しい都の誕生を祝うとともに、その繁栄が末永く続くことを祈願したと考えられている。藤原京がそれ以前とは異なる新しい思想に基づき、中央集権国家の理念を具現化することを企図して建設されたことがうかがえる。

大和三山はもともと人々に親しまれていた山でもあった。男女の三角関係を彷彿させる伝承と結びついていたことでも知られ、飛鳥に宮が営まれていた時代には次のような歌も詠まれていた。

中大兄《なかつおほえ》〔近江宮に天の下知らしめしし天皇〕の三山《みつのやま》の歌一首
香具山《かぐやま》は　畝火《うねび》ををしと　耳梨《みみなし》と　相あらそひき　神代《かみよ》より　かくにあるらし　古昔《いにしへ》も　然《しか》に
あれこそ　うつせみも　嬬《つま》を　あらそふらしき　（巻一・一三）
反歌
香具山と耳梨山とあひし時立ちて見に来《こ》し印南《いなみ》国原　（巻一・一四）
わたつみの豊旗雲《とよはたぐも》に入日射《さ》し今夜《こよひ》の月夜《つくよ》さやけかりこそ　（巻一・一五）

右の一首の歌は、今案ふるに反歌に似ず。ただ、旧本にこの歌を以ちて反歌に載す。故に今なほこの次に載す。また紀に曰はく「天豊財重日足姫天皇の先の四年乙巳に天皇を立てて皇太子となす」といへり。

『播磨国風土記』にも載る伝承を踏まえた歌であり、こうした妻争いの歌はほかにも例がある（巻九・一八〇一～一八〇三、一八〇九～一八一一、巻一六・三七八六～三七九〇など）。
また、香具山にまつわる歌として、「百人一首」にも採られた次の持統天皇の歌はあまりにも有名である。

天皇の御製歌《おほみうた》
春過ぎて夏来《きた》るらし白栲《しろたへ》の衣乾《ほ》したり天《あま》の香具山　（巻一・二八）

春も終わり夏がやってきたらしい、と香具山に乾された純白の衣を見て夏の到来を詠んだ歌である。文字通り理解すれば山に乾された白い衣を見たということになるが、白い花や冬の雪のたとえだという説もある。中国式の暦が導入されたのが持統天皇代であったとされ、この歌は現存する最古の四季の歌ともいわれている。古代中国では、四時が滞りなくめぐることが為政者の徳を示すことと考えられていた。春が終わり順当に夏がやってきたと詠むことは、そうした思想に基づいた言祝ぎであったとも思われる。

なお、香具山だけが「天の」という修飾語を伴うのは、特別に神聖視されていたからだと考えられている。舒明天皇の歌(巻一・二)はここから国見の儀礼を行ったとあり、『伊予国風土記』(逸文)には、『古事記』や『日本書紀』にみえる天上世界の山が地上に落ちてきたという伝承が載る。万葉歌には、そうした古代文化のエッセンスが凝縮されているともいえるだろう。

その後の飛鳥

『万葉集』は古めかしく忘れられた歌集というわけではない。さまざまな形で現代の日本文化にも影響を及ぼしている。あわせて、飛鳥が後世の文学作品において繰り返し登場することにも触れておきたい。

飛鳥川は、『万葉集』においては「明日香川」と表記されることが多く、字義と発音と両面から「明日」の意味をとらえる表現もみられる。柿本人麻呂は明日香皇女挽歌(巻二・一九六〜一九八)の中で、「御名にかかせる明日香川」(一九六)と詠み、さらに「明日香川明日だに見む」(一九八)とも詠むことで、皇女の名前と川の名前を、さらに「明日」という言葉を掛けて表現しており、すでに持統天皇代に、後世の歌枕化に繋がるイメージの連鎖が生じている。

一〇世紀になると「世の中はなにか常なるあすか河昨日の淵ぞ今日は瀬になる」(『古今和歌集』巻一八・雑歌下・九三三)などと詠まれ、「昨日」「今日」「明日」といった表現の連関や「淵」と「瀬」の変転という飛鳥川の激しい流れの描写が加わることで、「明日香川」は歌枕化していった。歌枕とは和歌の名所であり、実景とは無関係に観念上の表現が類型化したものといえる。次第に明日香川を詠むことが恋の表現として展開されていき、『後拾遺和歌集』(一一世紀)などにおいては言語遊戯的な色彩を強めた。

また、『枕草子』(一〇世紀末)においては「河」の第一に「飛鳥川」があげられており、『徒然草』(一四世紀)も「飛鳥川」について言及し、世阿弥の作とされる謡曲『飛鳥川』(一五世紀頃)も知られる。

近世になると、民衆による旅の機会が増加して名所図会などの地誌が盛んに刊行され、国学者による古代への探求心が古代の飛鳥の姿を解明しようとする動きをも生んだ。林宗甫『大和名所記(和州旧跡幽考)』(一七世紀)や貝原益軒『和州巡覧記』(一七世紀)、秋里籬島編・竹原信繁画『大和名所図会』(一八世紀)では万葉歌とともに各地名が紹介され、本居宣長は飛鳥の故地を経巡り『菅笠日記』(一八世紀)を残した。

そして現代において、古代の飛鳥・藤原への関心はあらためて高まっている。きっかけは数々の考古学的な発見にあるだろうが、飛鳥・藤原が代表的な万葉の故地でもあったことで相乗効果を生んでいると思われる。

昭和期を中心に万葉歌を彫り込んだ歌碑が建てられたことも、人々が当地を訪れる際の動機の一つとなっているといわれている。たとえば、飛鳥宮跡には平成に入って建立された前掲の志貴皇子の歌(巻一・五一)の碑がある。一方で、昭和の頃に建てられた同じ歌の石碑が甘樫丘の中腹にもある。飛鳥浄御原宮が発掘調査前はもっと北方にあったと考えられていたことと、歌碑建立の当時、甘橿丘の頂上にホテル建設の話が持ち上がり、歴史的景観保全の観点から計画中止となったことによるモニュメントの意味もあったと聞く。現代の人々はしばしばこうした万葉歌碑をよすがとして万葉の故地をめぐり、万葉歌をよすがとして古代の飛鳥・藤原に思いを馳せている。

おわりに

筆者の勤務する奈良県立万葉文化館では、万葉文化を体感してもらうために様々な試みを行っており、その一環として現代の名だたる日本画家たちがそれぞれに選んだ万葉歌をテーマに制作した「万葉日本画」を収蔵・展示している。当地は富本銭［94ページ］などを鋳造していた七世紀後半の工房遺跡としても知られ、美術館機能と博物館機能とを併せ持つ総合文化施設として、書物だけを展示するのではない新しい古典文学の楽しみ方を提案している。

そもそも日本文学は異なる言語や文化が交錯することで育まれたものであった。文学だけでなく、政治や宗教やものづくりの技術なども、現在の中国や韓国、さらに遠い国や地域からもたらされたものが数多くある。それらを柔軟に取り込み融合させ、いわばるつぼの中の混沌とした状態から日本文化が結晶した。その一つが『万葉集』という歌集であり、そこから派生した万葉文化は時代によって変容しながらも現代に受け継がれている。言葉の文化遺産である『万葉集』によって、飛鳥・藤原に生きた人々の息吹が記憶されているのである。

『万葉集』写本（江戸時代）　奈良県立万葉文化館蔵

烏頭尾 精（うとお・せい）作《明日香風》　奈良県立万葉文化館蔵
作者は明日香村在住の日本画家。京都教育大学名誉教授、創画会会員

万葉歌碑。上から「采女の…」(甘樫丘中腹)犬養孝揮毫/(飛鳥宮跡)平山郁夫揮毫/「春過ぎて…」(藤原京大極殿跡)犬養孝揮毫

飛鳥時代の美術と信仰

竹下繭子
奈良県文化資源活用課学芸員

はじめに

飛鳥時代とは、もともと美術史の時代区分から始まった呼び方である。一般的に飛鳥時代とは推古天皇が豊浦宮《とゆらのみや》で即位した五九二年（崇峻五）から、平城京へ遷都する七一〇年（和銅三）までを指す。この時代の美術を語るとき、最も重要なトピックは仏教の伝来である。仏教が朝鮮半島の百済から公式に伝えられたのは欽明天皇の五三八年（『日本書紀』によれば五五二年）であり、それから四代後の推古天皇の時代になって仏教文化が栄え、寺院建築や仏像が盛んに造られた。仏教受容の可否を巡っては、日本古来の神祇《じんぎ》信仰にこだわる豪族との間で確執があったが、飛鳥時代の約一〇〇年間を通して国家的に受容されるまでに発展し、後の日本文化の形成に大きな影響を与えた。

仏教はなぜこれほどまでに重視され、造形美術が盛んに生み出されたのか。今日、日本美術の傑作とされる多くの作品が生まれた飛鳥時代の美術について、時代的な背景、とくに海外との交流に目を向けながら概要を述べてみたいと思う。

国家仏教のはじまりと飛鳥寺の造営

古墳時代が終わりを迎える頃、飛鳥の地では我が国最初の本格的寺院、法興寺《ほうこうじ》＝飛鳥寺の建立が始められた。その経緯については『日本書紀』に詳しい。

五八七年（用明二）、仏教の受容をめぐり物部守屋《もののべのもりや》と争った蘇我馬子《そがのうまこ》は、諸天王や神々に対し、戦いに勝利した際には寺を建立し仏教を広めることを誓った。乱の終了後、馬子は誓願どおりに寺を建てるべく、百済へ僧侶や寺院建築の工人の派遣と仏舎利《ぶっしゃり》を要請し、五八八年（崇峻元）にそれらが到着すると法興寺の造営が始まった。その土地を「真神原《まがみのはら》」と呼んだのは、外来の「蕃神《ばんしん》」であった仏像を倭国の正式な神とする意図が込められたのだろう。寺の造営が進められるなか、五九四年（推古二）、天皇は聖徳太子と馬子に命じて、三宝《さんぽう》（仏・法・僧）の興隆を宣布した。多くの貴族がきそって寺院を建立したという。

飛鳥寺の主な建物は五九六年（推古四）に竣工したが、仏像が造られたのは六〇五年（推古一三）になってからであり、銅と刺繡の丈六《じょうろく》仏（像高が一丈六尺の像。坐像の場合はその半分）が造りはじめられ、翌年四月八日に完成した。制作を担ったのは仏師の鞍作鳥《くらつくりのとり》（止利《とり》仏師）である。一九五六年（昭和三一）から行われた発掘調査により、創建時は塔を中心に中金堂と東金堂、西金堂を置く伽藍配置だったことがわかった。現在、安居院《あんごいん》に安置される釈迦如来像（飛鳥大仏）［図1］は、止利仏師が造ったかつての中金堂の本尊であり、凝灰岩製の台座は当初のものである。完成した像は金堂の戸より大きかったが、止利は戸を壊さずに納めたので推古天皇に褒められたという話が『日本書紀』にみえる。

釈迦如来像は日本で制作された仏像としては最古級の像である。少なくとも一一九六年（建久七）に一度火災に遭ったため破損しており、当初の部分がどこに相当するのか研究者の間で議論されている。これまで、当初部分は顔と手の一部のみにしか残っていないと言われてきたが、近年の科学的調査によると顔の大部分はオリジナルであるという見解が出ている。

止利仏師が造った仏像としては飛鳥寺の釈迦如来像のほかに、飛鳥時代彫刻の代表的作品として名高い法隆寺の金堂釈迦三尊像が伝えられている。法隆寺の釈迦三尊像は光背に刻まれた銘文から、聖徳太子の没した翌六二三年（推古三一）に止利により造られたことがわかる。当時最新の鋳造技術により制作された。止利が採用した仏像の様式は、杏仁（アーモンド）形の両眼を見開きアルカイック・スマイルと呼ばれる微笑を浮かべる表情と、左右対称を基調とした全体観を特徴とする。飛鳥時代に流行したこのスタイルを止利様式といい、法隆寺夢殿の救世《ぐぜ》観音像などが著名である。止利様式の源流は一般的に龍門石窟に代表される中国・北魏の様式を踏襲したものと言われるが、止利の祖父にあたる司馬達止《しばたつと》（達等）は中国の南朝・梁《りょう》から渡来したと伝えられること、また飛鳥寺の造営では梁と密接な関係にあった百済から工人を招いたことなどを考えると、南朝梁や百済からの影響が反映されていると思われる。ただ、梁や百済で造られた仏像の遺例は極めて少なく、具体的作品を比較しながら論じることが難しいため、ここでは中国南北朝時代の様式を踏襲したと言うに留めておく。今後の中国での新発見が期待される。

飛鳥寺でもう一つ特筆したいのが、発掘調査の際に塔の礎石（心礎《しんそ》）から出土した埋納品である。仏教において塔の役割とは、釈迦の遺骨である仏舎利を納めるものであるが、飛鳥寺の塔心礎からは仏舎利が入った容器のほか、鉄製の甲《よろい》や馬具、金銀製の耳環や勾玉《まがたま》［図2］など、古墳の副葬品と共通する品々が見つかった。これらは地鎮のためと考えられてきたが、古墳に埋葬された貴人と同様に、釈迦の遺骨である仏舎利を敬意を以て供養したとする見方もある。時代の過渡期にあって、新しく伝わった仏教的供養と、伝統的な葬送儀礼が同時に行われており、当時の信仰の様相が表れ

1 重文　釈迦如来像（飛鳥大仏）　安居院（飛鳥寺）

2 飛鳥寺塔心礎埋納品　奈良文化財研究所 飛鳥資料館蔵

た事例として興味深い。

　七世紀の東アジアは、朝鮮半島は高句麗・百済・新羅が鼎立する三国時代であり、中国では大国・隋が滅亡し、新興の唐が建国された緊迫した情勢であった。当時の東アジアにおいて、仏教は律令制という統治思想を裏付けるものであると同時に、国際関係上では文化水準のシンボルでもあった。複雑な国際情勢のなかで、倭国は自国の強化にむけて主要豪族の勢力を除去し、天皇を中心とする中央集権国家をつくりあげる必要があったため、仏教の導入は必須であった。国際的視野をもつ蘇我馬子と、仏教への造詣が深い聖徳太子が政治的に仏教興隆を主導し、ここに王権と仏教とのつながりが芽生えるのである。

　聖徳太子、蘇我馬子が世を去り、六二八年（推古三三）に推古天皇が没すると、舒明天皇が即位した。天皇は即位の翌六三〇年に最初の遣唐使を派遣し、また過去に遣隋使として中国に渡り同地に二四年滞在した僧旻《みん》、三〇年以上滞在した高向玄理《たかむこのくろまろ》や南淵請安《みなぶちのしょうあん》が六四〇年に帰国している。彼らは隋の滅亡、そして唐のめざましい発展を目の当たりにした人物である。彼らを通じて日本に唐から最新の制度や知識、文物がもたらされた。大化の改新を進めた中大兄皇子《なかのおおえのおうじ》（後の天智天皇）と中臣鎌足《なかとみのかまたり》は、こうした新しい知識を積極的に取り入れ、新時代への改革を推し進めた人物であった。乙巳《いっし》の変で蘇我本宗家が滅びると蘇我氏の氏寺であった飛鳥寺は天皇家に接収され、国家仏教の確立が進んでゆく。

飛鳥の石造物と神仙思想

　前節の冒頭で蘇我馬子が物部守屋を征伐する際に諸天王や神々に誓約を立てたことに触れたが、

飛鳥時代には須弥山《しゅみせん》を前にした「誓約」が何度も行われた。仏教の世界観では、ひとつの世界の中心に巨大な山があり、その周辺に大海が広がるとされるが、その山が須弥山である。その頂上には三十三天のトップである帝釈天《たいしゃくてん》の住処があり、須弥山の東西南北の四方を四天王が守護するという。四天王は仏教の守護神であることから、王権の守護神としての性格も託された。『日本書紀』には六一二年(推古二〇)、御所の南庭に須弥山を構えたと記事があり、六五七年(斉明三)には飛鳥寺の西に須弥山像を造り、そこで盂蘭盆会《うらぼんえ》を行って覩貨邏人《とから》を饗したと記載している。この須弥山像は、石神《いしがみ》遺跡から出土した須弥山石(現在は飛鳥資料館に展示)〔図3〕であると考えられている。この須弥山石は現状で三つの石を積み上げて山をかたどっており、高さは二・三メートルある。内部に細い穴が穿たれ、水を吹き出す仕掛けになっている。同遺跡から発見された石人像は異国の服を着た男女が抱き合う姿で、男の持つ杯や女の口から水が出る仕組みである。

『日本書紀』によるとこの飛鳥寺西には槻樹《つきのき》(ケヤキ)があって、ここで蝦夷や隼人、また朝鮮半島からの使節への饗応が行われた。饗応とは、すなわち服属儀礼である。神が坐す槻樹、もしくは四天王など諸天の依り代であった須弥山像の前で、化外の民の天皇への服属の儀礼が行われた。日本古来の誓約が三輪山に向かって行われていたこと、また馬子の誓約の対象が諸天王や神々だったことを考えると、須弥山に降り立ったのは四天王など仏教の神だけではなく、三輪の神など在地の神々も含んでいたと考えられる。

「飛鳥寺西」にあたる石神遺跡と、隣接する水落遺跡(漏刻跡が出土)は、斉明天皇の時代(六五五〜六六一)に敷設された遺跡であり、南から北へ下がる傾斜地に立地している。私は夏の晴れた日にこの地を訪れたとき、香具山《かぐやま》の先に平城山《ならやま》、そして京都の北部にそびえる比叡山まで一望することができた。このような景観に優れた土地に噴水や漏刻(水時計)を備えた迎賓館のような施設が設けられ、そこに迎えられて饗応を受けた人々は感銘を受けたに違いない。

また、飛鳥寺南東の丘陵上に位置する酒船石遺跡から見つかった亀形の石造水槽［図4］は、斉明朝に造られた庭園施設の一部であると考えられている。亀は古代より、大地や水を支えるものであり、長寿や瑞兆の象徴として崇められた。中国では亀形の酒器が多く用いられたのも、このような神仙・道教思想に基づくものである。日本は道教の体系的な受容をあえて行わなかったが、亀形の造形物は道教の影響を受けていたことを示している。このように見ると亀形水槽に貯えられた水は醴泉《れいせん》であり、ここで天皇は神仙思想に結びつく儀礼や祭祀を行っていたと想像できる。

斉明天皇の時代、相次ぐ大土木工事が行われたことが『書紀』に見えるが、飛鳥の石造物はそれを裏付ける発見であった。これらの石造物は花崗岩製であるが、硬くて加工が困難であるためか、畿内ではあまり使われてこなかった石材である。一方で百済や新羅の石造物を見ると花崗岩が多く

3 重文 須弥山石　石神遺跡（明日香村）出土
東京国立博物館蔵

4 亀形石槽　酒船石遺跡（明日香村）

使われており、朝鮮半島の人々にとっては身近で慣れた石材であった。飛鳥の石造物の制作には朝鮮半島の工人が関与していた可能性が高い。折しも百済は六六〇年（斉明六）に滅亡し、その前後に多数の百済人が倭国に亡命した時期である。

国際情勢が緊迫した当時、朝鮮半島からたびたび使節がやってきた。倭国はそのような使節に国家の威信を見せつける必要があり、饗応や祭祀のための豪華な施設が必要とされた。飛鳥の石造物はその様相を今に伝えるものであり、そこでは、仏教、神仙思想、また在来の神への信仰が融合していた様子が窺える。

白鳳の美術と飛鳥の寺院

飛鳥時代の中でも、大化の改新が起こった六四五年から平城遷都が行われた七一〇年までの間を、美術史では一般的にとくに「白鳳《はくほう》」時代という。この時代の特徴は、対外交流を通して唐文化を受容しながら、自国の文化を形成したことにある。京では官大寺《かんだいじ》（国家寺院）の整備が進み、地方でも多くの寺院が造られるようになった。仏教文化が隆盛し、国家仏教が確立された時代であった。仏像の姿はそれまでのシンメトリーを基調とした止利様式から、人体の動きや量感を意識した様式へと変化した。それは遣唐使を通じた唐との直接的な交流が大きく影響している。

まずは日本で最初の官大寺、百済大寺《くだらのおおでら》から話を始めよう。六三九年（舒明一一）、天皇の発願《ほつがん》で百済川のほとりに百済大寺と百済大宮の造営が始まった。桜井市の吉備池廃寺《きびいけはいじ》址が百済大寺の遺構に比定されている。記録から九重塔が建つ巨大寺院であったことがわかるが、吉備池廃寺からも巨大な塔址が発見された。後に舒明天皇の息子である天智天皇は脱活乾漆造《だつかつかんしつづくり》の丈六釈迦像を造立した。

百済大寺は天武天皇の時代に飛鳥の地に移り、高市大寺《たけちのおおでら》、大官大寺と名を改め、藤原京に移転した。その後、平城遷都に伴って大安寺《だいあんじ》となり南都七大寺の一つとして大伽藍を誇った。その際に天智天皇の発願による釈迦像は大安寺本尊として平城京へ移されたようである。

平安時代に南都七大寺を巡礼した大江親通《おおえのちかみち》は、大安寺釈迦像は南都諸寺の仏像の中で一番の優作だと評価している。親通が薬師寺金堂の薬師三尊像よりも優れていると述べた大安寺釈迦像の美しさはいかなるものであったか、釈迦像が現存しない今となっては、ただ思いを馳せるほかない。釈迦像の造立は『扶桑略記《ふそうりやつき》』によると六六八年（天智七）である。朝鮮半島の情勢をめぐり唐と直接交流が増えた時期であり、倭国は六五三年（白雉四）から六六九年（天智八）の間に計六回、遣唐使を派遣している。唐は高宗の時代であり、インドから帰国した玄奘三蔵《げんじようさんぞう》の影響で、インド風の特徴を持つ仏像が造られた。抑揚のある自然な肉体表現、薄く貼りつくような衣、細く絞られた腰などが特徴的な仏像である。初唐様式の影響が我が国にも導入され、その最初期の造像が大安寺釈迦像であったと考えられる。

白鳳期の様式は唐との交流が大きく影響していることは間違いないが、朝鮮半島からの影響も看過できない。唐は朝鮮半島の新羅と結託し、六六〇年に百済を、六六八年（天智七）には高句麗を滅亡させたことで、百済や高句麗から大量の亡命移民が倭国に渡来した。その情勢のもと、六六九年（天智八）以降、約三〇年にわたり遣唐使の派遣が中断されたのである。新羅は朝鮮半島統一後、唐と緊張関係にあり、倭との友好を築くべく使節を頻繁に送ってきて、倭も遣新羅使を派遣して両国の関係は緊密になった。遣唐使が中断された時期の唐文化の輸入は、新羅経由であったとするのが従来の見方である。飛鳥時代の美術は六六〇年代、天智天皇の時代に転換期を迎えたと言ってよい。

天智天皇が飛鳥で造営した寺として知られているのが川原寺《かわらでら》である。母である斉明天皇の追善のために建立したと考えられている。次の天武天皇の時代に整備され、大官大寺と並ぶ重要な官寺であった。川原寺裏山遺跡からは壊れた丈六仏の一部や菩薩、天部像など大量の塑像断片や、千点を超える塼仏《せんぶつ》が発見されたが、鎌倉時代に寺が焼失した際に壊れた仏像を集めて埋めたものとみられる。塼仏とは、范《はん》に粘土を押し当てて型抜きし、焼成して造った仏像のことで、大量生産が可能である。堂塔内壁面を荘厳するものや、携帯用の念持仏《ねんじぶつ》としての用途があった。

川原寺裏山遺跡出土の塼仏のうち大部分を占めるのは方形三尊塼仏［図5］と呼ばれるもので、中央に如来像、その左右に合掌する菩薩立像、上方に天蓋《てんがい》と一対の飛天《ひてん》、如来像の後方に菩提樹を配する構図である。如来像が右肩を露わにして薄い袈裟《けさ》を着け、背もたれを持つ椅子に両足を下ろして座る姿は、七世紀後半から八世紀の頭にかけて唐で流行した、インド風のスタイルである。これとよく似た塼仏が唐の都・長安の大雁塔付近から多数出土していることから、玄奘とのつながりが推定される。日本には入唐《にっとう》して玄奘に師事した道昭《どうしょう》によって伝えられたと考えられる。小山廃寺《こやまはいじ》（紀寺跡）出土の独尊《どくそん》大型塼仏、橘寺《たちばなでら》出土火頭形《かとうけい》三尊塼仏、山田寺の塔跡から出土した塼仏群など、塼仏は七世紀後半に飛鳥の寺院を中心に流行した。小山廃寺の塼仏は若々しく張りのある肉体、写実的な衣襞《いしゅう》の表現など、見事な出来栄えである。

この時代を代表する著名な作品として、法隆寺の夢違《ゆめちがい》観音像や興福寺の旧東金堂本尊［図6］がある。旧東金堂本尊とはすなわち、一九三七年に興福寺東金堂薬師如来像の台座の中から見つかった銅造仏頭である。もとは山田寺の本尊であったが一一八七年（文治三）に興福寺に移され、現在は頭部と本尊両脇の菩薩像が興福寺に伝わる。山田寺は六四八年（大化四）までに金堂が完成するが、発願者の蘇我倉山田石川麻呂《そがのくらやまだのいしかわまろ》が天智天皇への謀反の罪を着せられ自害したことにより造営が中断され、天武朝に塔、講堂、宝蔵が建てられて完成した。山田寺の本尊は六七八（天武七）に鋳造を開始、六八五年（同一四年）に開眼供養された。天武朝の造営の背景には、石川麻呂の孫にあたる天武天皇の皇后（後の持統天皇）の存在が大きいと見られる。仏頭は若々しく張りのある顔立ちで、長く伸びる鼻筋や眉の弧線、切れ長の目などは見るものに清々しい印象を与え、白鳳仏の代表的作品と言える。

天武朝の同時期の作品としては、當麻寺《たいまでら》金堂の本尊弥勒《みろく》仏坐像と四天王像がある。弥勒仏坐像は塑造であり、その四方に配される四天王像（多聞天像は鎌倉時代の木彫像）は日本に現存する最古の脱活乾漆造である。乾漆造の仏像は塑造に比べて非常に高価なコストを要することから、奈良時代に入ってからも官営工房以外では造られない。當麻寺の四天王像は飛鳥で造られ、もとは官寺にあった可能性も考えられる。飛鳥池遺跡のような中心的な総合工房の存在を考えると、造仏のための工房も飛鳥のどこかにあったのではないかと思う。

藤原京の時代と薬師寺の創建

天武天皇は中央集権国家を確立し、新しい都づくりを計画した。夫である天武天皇の亡きあと、その遺志を継ぎ即位した持統天皇は、六九四年（持統八）に藤原京へ遷都した。

薬師寺は『日本書紀』によると、六八〇年（天武九）に天皇が皇后（持統天皇）の病気平癒を祈って発願した。薬師寺の造営は藤原京の整備計画と並行して進められたようであるが、造営は捗らなかったようで、持統天皇が造営を引き継ぎ、次の文武天皇の時代に完成した。平城遷都に伴い、薬師寺は七一八年に奈良市西ノ京の現在の地に移ったため、藤原京の薬師寺は本《もと》薬師寺と呼ばれる。

薬師寺金堂の国宝・薬師三尊像［図7］は丈六のブロンズ像で、均衡がとれた理想的な肉体、それに薄く貼りつくようなリアルな衣の表現など、日本彫刻史の最高峰と評される仏像である。岡倉天心

5 方形三尊塼仏　川原寺裏山遺跡（明日香村）出土

6 国宝　興福寺旧東金堂本尊仏頭
興福寺（奈良市）

7 国宝　薬師三尊像　薬師寺金堂（奈良市）

が最初に三尊像を拝した時を回顧して、「あの驚嘆を再びすることができるなら、私はどんなことでも犠牲にする」【註1】と述べたという。

この薬師三尊像を巡っては本薬師寺からの移坐《いざ》とする説と、平城京での新鋳説とがあり、制作年代についての論争が百年以上続いている。すなわち、本薬師寺で七世紀末に造られたのか、平城薬師寺において七一八年前後に造られたのかという問題である。発掘調査では本薬師寺と平城薬師寺が並存していたことがわかっており、本薬師寺は遷都以後も機能していたので本尊を移すとは考えられない。同じ銅造である旧東金堂本尊と比べて、薬師寺の三尊像は技術的・様式的に成熟していることから平城新鋳説が有力視される傾向にあるが、近年新しい説もあり、まだ決着はついていない。

おわりに

飛鳥時代の美術がみずみずしい生命力に溢れているのは、激動の時代の産物であるからだろう。この時代は内政、また諸外国との関係においても国家の体制を整える必要があり、その切実さから最新の技術や知識、あるいは人を積極的に受け入れた。変化を受け入れる柔軟性を持った時代であったと言える。その分、美術の様式展開も多層的であったのだろう。

当時の人々の神仏への信仰心とそれを原動力とする美の創造は、現代の我々には真の意味での理解が難しいのかもしれない。しかし、飛鳥の地に立ち、伝存する数少ない文化財と向き合うことで古代の心性に近付くことができる。

註

1　坂部恵編『和辻哲郎随筆集』（岩波文庫、一九九五年）

第四章　世界遺産登録に向けて

高松塚古墳にみる石室・壁画の保存

建石 徹
奈良県地域振興部次長（文化資源担当）

高松塚古墳は、繊細で美しい壁画はもちろん、築造にかかる土木技術、遣唐使によりもたらされた副葬品などから、日本が東アジア世界のとりわけ重要な一員であり、この地で特徴ある国家形成がなされたことを如実に示す日本の至宝である。高松塚古墳は、現在、世界遺産登録を目指す「飛鳥・藤原」にとって重要な構成資産候補のひとつに挙げられている。また、後述する通り、国内法や制度による保護の枠組も手厚く申し分ない。しかし、高松塚古墳を構成資産候補とするにあたっては、その歴史的・文化的価値とは全く別の観点から大きな課題が存在している。

世界遺産は土地や土地と一体となった物件、すなわち有形の不動産を対象とし、そのことは世界遺産条約に明記されてはいないが、その第一条には文化遺産の定義として、記念物・建造物群・遺跡といういずれも本来は有形かつ不動産である類型が示されている。また、世界遺産条約履行のための作業指針には、「真正性」の条件として「形状・意匠、材料・材質、用途・機能」などとともに、「位置・セッティング」が記載されている。

本稿では、日本全国に驚きを与えた「高松塚古墳発見」から三三年後の二〇〇五年に、保存対策のため、石室を取り出して壁画の解体修理を決定するに至った経緯を紹介しながら、文化財保存の理念と技術の両面における議論と、有形の不動産を対象とした世界遺産という保護の枠組がはらむ課題などについて考えてみたい。なお、高松塚古墳に次いで二例目となる大陸風壁画古墳として注目を集めたキトラ古墳も、保存のため壁画を移設保存しているが、本稿では壁画だけでなく石室も移設した点で課題がより明確な高松塚古墳を中心にすえて議論をしていきたい。

高松塚古墳壁画の発見と古墳の概要

八世紀初頭の壁画古墳として知られる高松塚古墳は、奈良県高市郡明日香村平田に所在する。墳丘は南北二五メートル、東西二〇メートルほどで、版築積みによる二段築成の円墳である。

一九七二年三月の明日香村と橿原考古学研究所による発掘調査で、南を入口とする石室内部に大陸風の極彩色壁画が存在することが明らかとなり、日本における古代史・考古学ブームの火付け役となった。壁画発見の翌年には、飛鳥地域の文化財保護を目的とした寄付金付き記念切手が発行され、その数は当時の日本の人口を上回る一億二千万枚以上におよんだ。壁画発見時の過熱した報道、記念切手の発行、その後は学校教科書などに壁画の図像が掲げられた。なかでも石室西壁に描かれた女子群像は、「飛鳥美人」の通称で親しまれ、その結果、高松塚古墳は古代史学、考古学、美術史学、文化財保護などの象徴的存在として、現在の日本社会に位置付けられている。

大阪府との県境に位置する二上山《にじょうさん》の凝灰岩を使った石室（横口式石槨）内部の寸法は、高さ一・一メートル、幅一・〇メートル、奥行二・七メートル。天井石・床石に各四枚、側壁石（東西壁）に各三枚、奥壁石（北壁）・扉石（南壁）に各一枚の、計一六枚を組み合わせて、石室が構成されてい

発見当初の高松塚古墳壁画（西壁女子群像）

高松塚古墳保存寄附金付き郵便切手（1億2050万枚発行）

発見当時の高松塚古墳石室内部

現在の高松塚古墳

る。石室内部は天井・床を含む全面に漆喰が塗られ、天井と各壁に壁画が描かれた。床石には木棺が安置された痕跡（棺台の痕跡）が認められる。

壁画は天井に星宿図、四方の壁には日像と月像、四神像、人物群像（男子群像、女子群像）が描かれた。これらの壁画はいずれも唐墓壁画の直接的な影響を受けたものといえる。壁画の内容や、西安市（長安）に同じ鋳型で造られた鏡が複数出土していることが知られる「海獣葡萄鏡」などの副葬品から、古墳の成立には七〇四年に帰朝した遣唐使の関与が指摘されている。墳丘の版築は、厚さ数センチの土層を幾重にもたたきしめる大陸・半島由来の土木技術で、寺院などの大規模建物の基礎と同様の技術が古墳造りにも用いられた。一方、石室の形態や規模は、日本の伝統に連なるものである。高松塚古墳は中国文化の単純な移入ではなく、日本の伝統と共存・融合することで、東アジア世界の一員としての新たな日本文化のあり方を顕著に示す好例であるといえる。

古墳保護のための行政的枠組

高松塚古墳は一九七三年に特別史跡に指定され、翌一九七四年には、壁画が国宝（絵画）に、出土品は重要文化財（考古資料）に指定されている。土地の所有は国（文部科学省）、出土品の所有は国立文化財機構（奈良文化財研究所）であり、特別史跡の管理団体は明日香村が指定されている。

遺跡周辺の九・一ヘクタールには、一九七六年に国営飛鳥歴史公園（高松塚周辺地区）が設置され、高松塚古墳周辺の自然と文化遺産の保護・活用をはかることを目的として国（国土交通省）による管理・整備がなされている。本地区の一角には、五地区にわたる国営飛鳥歴史公園全体を所管する国土交通省近畿地方整備局国営飛鳥歴史公園事務所が置かれている。

高松塚古墳は明日香村内に所在するため、国営飛鳥歴史公園地区の外側（明日香村域）は、明日香法【註1】により保護されている。高松塚古墳および周辺の環境は、文化財保護法（古墳）、国営飛鳥歴史公園（古墳周辺）、明日香法（明日香村域）の三つにより、日本で最も手厚い枠組で保護されているといってもよいだろう。

生物被害による壁画の危機

壁画の保存法については、発見時から、壁画をその場にのこす「現地保存」か、別の場所に移す「移設保存」かをはじめ、理念と技術の両面において多面的に議論をするべく、様々な分野の専門家を集めて「高松塚古墳保存対策調査会」が文化庁に設置され、検討がなされた。この調査会では、当時の壁画保存の世界的権威であったイタリア中央修復研究所のパウロ・モーラ氏をはじめ、フランス政府やパスツール研究所の専門家を招き、現地視察やヒアリングがおこなわれた。この際、モーラ氏は合成樹脂による漆喰面の強化処置をした上での現地保存を支持し、一方、フランスの専門家らは生物被害への懸念から、移設保存を助言した。一九七三年一〇月の本調査会において、合成樹脂による漆喰面の強化処置をした上で壁画を現地保存するモーラ氏の助言による方針が採用された。

壁画は発見当初からすでに脆弱な状態であることが指摘され、特に漆喰層は深刻な状態と判断された。そこで、漆喰の剥落止めや強化などの修理作業や、壁画の点検作業を石室内で安全におこなうための準備空間として、また石室内環境が外気の影響を受けないための緩衝空間として、一九七六年三月には石室南側の墓道部を利用して保存修理施設がつくられた。この施設は二層建てで、上階は石室への動線（進入路）、下階は空調機器が配され、上階の環境が制御された。以降、この施設

キトラ古墳壁画より、北壁に描かれた玄武像　2001年の朱雀像発見時に撮影

キトラ古墳内部（上）、朱雀像（下右）、天井に描かれた天文図（下左）　2001年の朱雀像発見時に撮影

を用いて壁画の修理・保存管理がおこなわれてきた。

一九七六年度より本格的な壁画の修理作業が開始された。修理の初期からカビなど生物被害への対策はおこなわれていたが、一九八〇年頃には石室内に大量のカビが発生し、その処置に追われるようになった。その後の一連の修理作業により、壁画発生時からの懸案であった漆喰の剝落を食い止めることには一定の成功をおさめ、一九八五年頃にはカビの発生も漸減し、沈静化した。一九八七年には、壁画発見以降の経緯をまとめた報告書が、文化庁の編集により刊行された【註2】。

保存修理施設と石室を連結する小空間は「取合部《とりあいぶ》」とよばれ、壁画の修理や点検の際にはこの空間に監視者を置き、石室内作業を客観的に監視することで、作業や作業者の安全が確保された。一九八〇年頃から、墳丘土が露出した取合部の天井の土がたびたび崩落し、これに対処するため、二〇〇一年二月にこの崩落を食い止める工事が実施された。しかし、この工事の際にカビ対策が不充分であったため、取合部および石室内に大量のカビが発生したことで、それまでの十数年間、微妙な均衡の中で比較的安定してきた壁画の保存環境が変化し、カビなどの生物被害による壁画の汚染が著しくなった。こうした生物被害の拡大を受け、二〇〇三年に文化庁に壁画保存のための検討会が設置された［年表参照］。

現地保存の見直し

高松塚古墳壁画は、発見以来、現地保存の方針のもとで、漆喰の強化と生物被害対策を中心とする保存管理がおこなわれてきたが、狭く高湿な石室内での作業は困難を極めた。また、石室が土地と切り離されていないため、ダニやムカデなどのムシによって石室内にカビが持ち込まれ、さらに

高松塚古墳壁画の保存に関する年表

1972	壁画の発見（3 月）
1973	古墳を特別史跡に指定（4 月） 現地保存方針を決定（10 月）
1974	壁画を国宝に、出土品を重要文化財に指定（4 月） 保存施設工事着工（～ 76 年 3 月竣工）
1980	第三次修理（～ 85 年）
1987	『国宝高松塚古墳壁画 保存と修理』刊行
1989	年 1 回の定期点検（～ 2001 年）
2001	取合部天井の崩落止め工事 取合部・石室に大量のカビが発生
2002	石室西壁の男子群像などの壁画損傷事故発生
2003	国宝高松塚古墳壁画緊急保存対策検討会（～ 2004 年 3 月）
2004	国宝高松塚古墳壁画恒久保存対策検討会（6 月～） 『国宝高松塚古墳壁画』写真集刊行（6 月） 壁画劣化に対する批判報道 検討会において現地保存方針の見直しを示唆（8 月）
2005	「石室を取り出して壁画の解体修理」を恒久保存方針と決定（6 月） 墳丘部の冷却を開始、仮設覆屋の設置（9 月～）
2006	事故調査委員会設置（4 月）、報告書公表（6 月） 石室の取り出しのための発掘調査開始（10 月～ 2007 年 9 月）
2007	修理施設の完成（3 月） 石室の取り出し作業開始（4 月～ 8 月末） 壁画の修理開始（4 月）
2008	高松塚古墳壁画劣化原因調査検討会（7 月～ 2010 年 3 月）
2010	古墳壁画の保存活用に関する検討会（4 月～）
2014	石室石材・壁画は当分の間、古墳の外で保存・公開することを決定（3 月）
2020	石室石材・壁画の修理終了（3 月予定）

西壁女子群像の処置前（上）と現状（下）

平成のカビの大発生（黒いカビが中心）

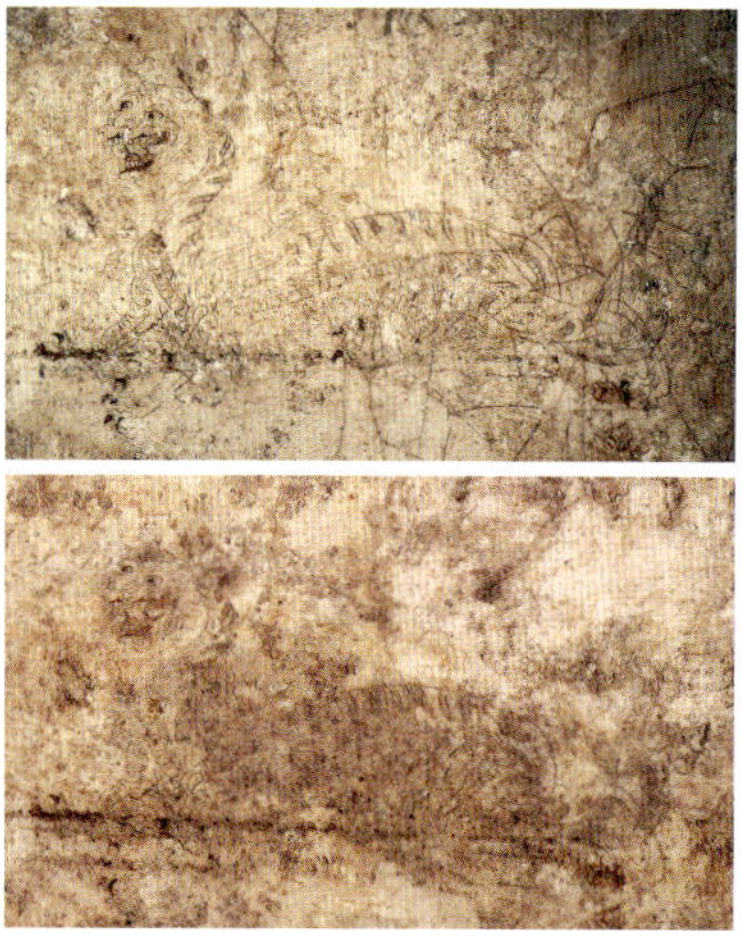

発見時の白虎（上、1972年）と劣化後（下、1981年）

修理作業室と取り出された石室石材・壁画

狭い石室内での作業

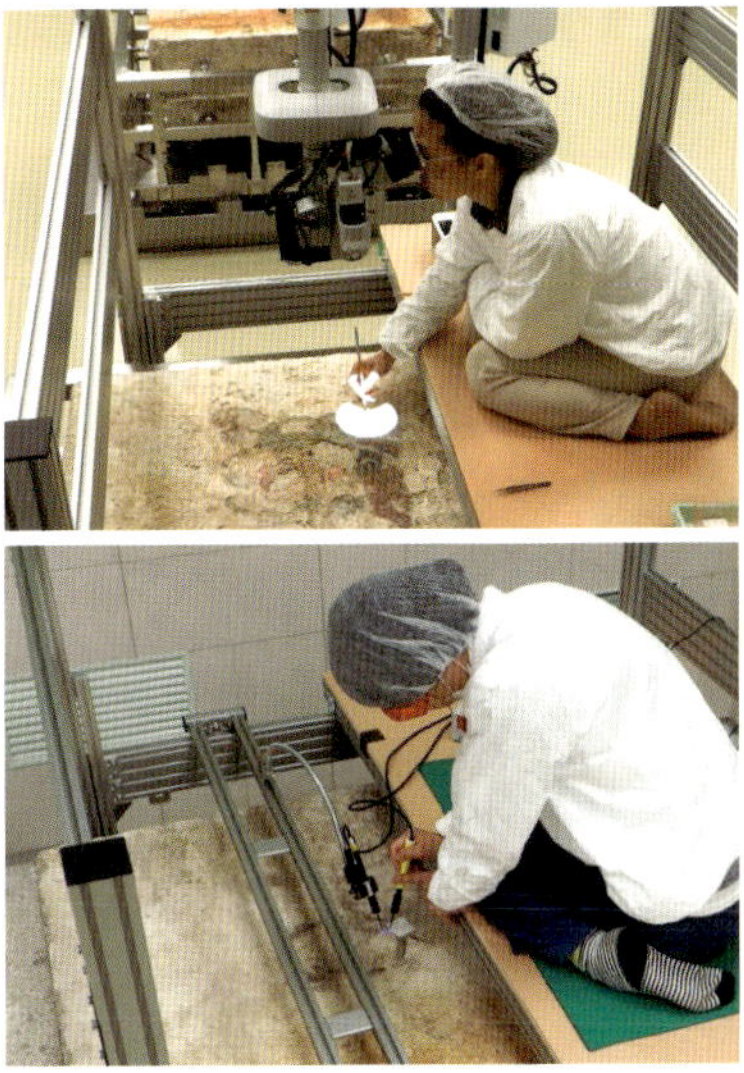

修理施設での修理作業

石室の取り出し

それらのムシの死骸が新たなカビの栄養源になるなど、カビを中心とした食物連鎖が石室・壁画周辺に生じていることが明らかになった。前述の検討会では、抜本的な保存方針の見直しも射程に入れた議論が進められた。

その結果、墳丘内の土中環境において壁画を現地保存するこれまでの保存方針では壁画の劣化を食い止めることはきわめて困難との判断がなされ、苦渋の選択ではあったが、二〇〇五年六月の検討会で、壁画を石室（石材）ごと墳丘から取り外して安全な環境が確保された施設で修理をする方針が決定された。この方針決定にあたっては、以下の五つの案について検討がなされた。

第一案　施設・機器変更をおこない、現状で保存する
第二案　墳丘ごと保存環境を管理する
第三案　石室のみ保存環境を管理する
第四案　石室を取り出して壁画を修理する
第五案　壁画をはぎ取り保存施設で管理する

第一案から第三案は壁画を移動しない方法、第四案・第五案は壁画を移動する方法である。理念・技術の両面から各分野の専門家による議論がなされ、またその動向はメディアを通じて日本中に報道された。壁画の保存方針、特に現地保存の是非については、当時の国民世論を二分する議論が交わされた。様々な議論が重ねられ、最終的に以下の三点が評価され、第四案「石室を取り出して壁画を修理する方針（石室解体方針）」が採用された。

・環境制御ができる
・取り出した石室と壁画を適切な環境で修理できる
・修理にともなう科学調査などにより、壁画の劣化原因が究明されることが期待される

こうして、石室・壁画は修理を終えた後、将来的にはカビなどの影響を受けない環境を確保した上で現地に復旧することとなった。

石室ごと壁画を取り出すという、世界的にも類例が少ない難事業【註3】を実施するにあたっては、新たな方針決定から二二か月ほどの準備期間を要した。この間、発掘計画および石材・壁画の取り上げ、輸送方法を慎重に検討するとともに、準備期間や取り出し作業中の環境管理、生物被害への対応などについても対策が講じられた。

これらを受け二〇〇六年一〇月より石室取り出しにともなう発掘調査が開始された。この発掘調査は、石室の取り出し作業が安全に実施できる状態に石室を露出することを最終的な目的とするものであったが、そこに至る過程として、取り出し作業で失われる墳丘部分の充分な考古学的調査をおこなうとともに、石室内へのムシの侵入経路や地震による版築層の損傷など、壁画の劣化原因に関する情報を得ることも必須の課題とされた【註4】。

発掘調査と並行し、二〇〇七年四月からは石室取り出し作業が開始。同年九月、石室を構成する一六枚すべての石室石材の取り出しが終了した。搬出された石室石材・壁画は、国営飛鳥歴史公園内に新設された修理施設に運ばれ、修理作業が開始された。

石室・壁画の取り出し作業を終え、その後の応急処置にも一定の目処が立った二〇〇八年度には、新たに石室取り出し作業にともなう発掘調査の成果や、カビなどの微生物調査、石室内環境データ

の解析、壁画材料の科学調査、文化庁などに残された過去の対応に関する資料の分析などについて、学術的・総合的な検討が集中しておこなわれた【註5】。

このなかで明らかにされた壁画の劣化原因は、大きく自然的要因と人為的要因に分けられ、これらが複合的に作用し、壁画の劣化を招いたと結論付けられた。

これらの成果をふまえて石室石材・壁画の現状や保存技術などが総合的に検討された。二〇一四年三月の「古墳壁画の保存活用に関する検討会（第一五回）」で、修理が終了しても当分の間は石材・壁画を古墳には戻さないこと、この間は古墳の外で保存・公開することが決められた。

高松塚古墳保存施設

保存施設の内部（断面）

修理施設での壁画公開

高松塚古墳の現状と課題

現在、高松塚古墳壁画は、古墳近く（国営飛鳥歴史公園内）に設置された修理施設において石室石材・壁画の修理がおこなわれており、年四回ほど修理作業室が公開されている。二〇一九年度末に修理作業の終了が予定されている。その後の「当分の間」の措置として、古墳の外の適切な場所において壁画・石室石材を保存・活用する施設の設置を、近い将来に実現する必要がある。

漆喰に描かれた古墳壁画の保存・活用施設としては、二〇一六年に開館し活動が開始されている「キトラ古墳壁画体験館　四神の館」があり、大いに参考にはなるものの、古墳から壁画（漆喰とそこに描かれた図像）のみを剝ぎ取って搬出されたキトラ古墳壁画と、石室石材と壁画が一体とし

高松塚古墳壁画の劣化原因

自然的要因

- 過去の地震で出来た版築層の地割れや亀裂からの水やムシの侵入
- 温暖化による外気温の上昇と、それにともなう石室内温度の上昇
- 石室内の湿度環境の変化
- 石室内におけるカビなどの発生
- 取合部天井の崩落（常在菌を含む土層の露出）

人為的要因

- 保存施設による環境制御の不具合による石室内温度の更なる上昇
- 修理における薬剤の選択など
- 石室内への人の出入り
- 取合部天井の崩落止め工事

て取り出された高松塚古墳壁画では、現在の形状が大きく異なり、当然、保存・活用の方法も大きく異なってくる。

あらためていうまでもなく、高松塚古墳は、埋葬施設である石室と墳丘から構成され、壁画はその石室の内部に描かれた。高松塚古墳壁画・石室石材の現状は、解体作業により一六石が別々に置かれた状態にある。石材と壁画はそれぞれにきわめて脆弱な状態にあり、これは修理を終えても根本的には解決しないと考えられる。

新たに設置される保存・活用施設においては、このような石室石材・壁画の状態を考慮した上で、保存環境について充分な検討をおこない、さらに高松塚古墳をよりよく理解するための工夫を講じることが求められる。

将来に向けて──古墳中での保存・活用

史跡はそれらを構成する各要素が一体的に保存されることが原則であり、古墳の壁画についても現地で保存されるのが基本である。高松塚古墳壁画の当分の間の保存方針が決められた「古墳壁画の保存活用に関する検討会(第一五回)」では、「将来的には現地に戻すための努力・検討を続けるべき」ことも強調された。ここでいう「当分の間」とは、五年や一〇年でなくもっと長い期間であろうと予想されるが、その先には石室石材・壁画が本来あるべき古墳現地(原位置)に復され、保存・活用される日が来るべきと考えている。これは理念先行の絵空事では決してない。

近年の遺跡の露出展示などに関する保存科学的研究の進展には、きわめて興味深い動向が認められる。それは、具体的には、「固める保存」から「環境を制御する保存」への転換として括ることができる動向であり、遺跡を取り巻く環境のモニタリングを丁寧におこない、起こり得る（あるいは起こった）劣化との相関について注力することを前提としている。その上で保存上の課題が明らかになった場合は、その環境を制御することで、遺跡自体の強化処置をおこなわずに寿命を延ばすことが目指される。これらの先駆的な事例として、大分県臼杵磨崖仏（特別史跡・国宝）、茨城県虎塚古墳（史跡）、福島県宮畑遺跡（史跡）などにおける研究・実践が特筆される。これらは個々に独立したものではあるが、いずれも高松塚古墳およびキトラ古墳の保存・活用事業とひとかたならぬ深い縁を持ち、それぞれの成果は双方向（全方向）に還元し合っている。二〇〇〇年代前半からの高松塚古墳壁画の劣化問題とその対応は、負の側面だけでなく、ここから新たな文化遺産の保存・活用に関する研究・実践が始まっており、これらの向こうに、「当分の間」の先が展望される。

世界遺産構成資産候補としての高松塚古墳

記念物（記念建造物）の移設について、ヴェニス憲章（一九六四年）では、現地保存を基本とし、保存上あるいはきわめて重要な政治的判断がなされる時にのみ移設が正当化できる（第七条）とされた。また、ヴェニス憲章を前提としたイコモスによる壁画の保存管理などの原則をまとめた「壁画の保存および維持・修復におけるイコモスの原則」（二〇〇三年）では、壁画は「その敷地にとって不可欠であり、本来あるがままの場所・状態で保存されるべきである」（序論・定義）とされ、壁画の移設については、現地におけるすべての処置が実行できないという極端な例においてのみ正当化できる（第六条）とされた。

現地保存と移設保存の狭間について高松塚古墳とよく似た経験を持ち、文化財類型としてもきわめて類似した事例として、壁画古墳が主な構成資産となり二〇〇四年に世界遺産登録がなされたイタリアの「チェルヴェテリとタルキニアのエトルリア墓地群」の事例がある。世界遺産委員会における登録時の議論の中では、遺跡群に隣接し、生物被害などへの対応としてかつて移設保存された壁画などを展示・収蔵する国立タルキニア博物館を登録対象とするか否かが検討されたが、この時は博物館を含む登録には至らなかった。

高松塚古墳における保護の枠組は、文化財保護法(古墳は特別史跡、壁画は国宝)、国営飛鳥歴史公園(古墳周辺)、明日香法(明日香村域)が組み合わさり、およそ日本において考え得る最も手厚い形が整えられている。しかし、湿潤地域かつ地震地域における史跡、しかも繊細な壁画という美術工芸品の側面を併せ持つ壁画古墳の現地保存にかかる技術的な難しさにより、恒久的な判断で

世界遺産「チェルヴェテリとタルキニアのエトルリア墓地群」(イタリア)より、古墳と石室内部の事例
Photos by Michele Alfieri

はないものの、高松塚古墳では石室・壁画を移設保存する措置が講じられた。この措置がおこなわれなければ、おそらく高松塚古墳壁画は、現在、カビなどの生物被害により朽ちて失われていたことが予想される。もちろんこれは、史跡の現地保存の原則を覆そうとするものでは決してない。史跡の現地保存の原則は将来にわたり遵守されるべきである。

古代史学、考古学、美術史学、保存科学、微生物学、土木工学、建築環境学などの専門家で構成された文化庁の専門会議が幾多の議論を経て示した当分の間の措置としての移設保存という判断は支持されるべきであるし、ヴェニス憲章や「壁画の保存および維持・修復におけるイコモスの原則」に照らしても、正当化できるものと考える。そして筆者は、このような議論・措置を経て現在、移設保存されている石室・壁画を含む高松塚古墳については、現状のままでも世界遺産の構成資産となりうる（ならなくてはならない）と考えるが、その実現に向けては相当な議論が必要である。この際、現状に至った経緯や理念を丁寧に解説し、「遺産の保存は地理や気候、環境などの自然条件と、文化・歴史的背景などとの関係の中ですべきである」という「真正性に関する奈良会議」（一九九四年）における奈良文書の一節を具体的に展開させることが必須であろう。

註

1　明日香村における歴史的風土の保存及び生活環境の整備等に関する特別措置法

2　文化庁編『国宝高松塚古墳壁画　保存と修理』第一法規、一九八七年

3　本事業以前の類例に、イタリア中央修復研究所が実施したカバリエレ古墳における石棺壁画の取り出しがあり、高松塚古墳事業の参考とされた（文化庁文化財部「日本とイタリアの文化財保護に関する政府間交流」『文化庁月報』四六一号、二〇〇七年）

4　文化庁ほか編『特別史跡高松塚古墳発掘調査報告　高松塚古墳石室解体事業にともなう発掘調査』同成社、二〇一七年

5　高松塚古墳壁画劣化原因調査検討会『高松塚古墳壁画劣化原因調査報告書』文化庁、二〇一〇年

東西交流の古代都市「パルミラ」

破壊を経て残存する遺跡の強靭な姿

岡橋純子
聖心女子大学准教授

はじめに

世界で最も美しい廃墟の一つと言われるパルミラ遺跡は、シリアの首都ダマスカスの北東約二〇〇キロに位置する都市遺跡であり、一九八〇年に世界遺産に登録された。パルミラは、紀元前一世紀から紀元三世紀の間、中東のシリア砂漠のオアシスに栄えた古代ローマ時代の交易都市であった。

パルミラ遺跡には、二千年の時を超えて荒廃する中にも、二一世紀初頭の今日までローマ様式の建造物が多数壮麗に残っている。これら有形の文化財から、古代都市パルミラの往時の活気溢れる様子を読み取ることができ、このことが世界遺産登録に至る上で重要であった。

世界遺産条約が一九七五年に発効した後、世界遺産リストへの文化・自然遺産の登録が開始したのは一九七八年のことである。初年のリストには、考古学的な発掘調査の対象となる、いわゆる遺跡の登録は見られないが、翌一九七九年には、エジプト各所の古代文明遺跡、チュニジアのカルタゴ遺跡、イランのペルセポリス遺跡といった遺跡の登録が見られる。そして、シリアのパルミラ遺跡は三年目で、パキスタンのモヘンジョダロ遺跡やタキシラ遺跡と同年に登録されている。

パルミラという地名は、近年では、むしろシリア紛争の只中に過激派武装組織ＩＳＩＬによって占拠され、大規模な文化財破壊や殺戮の舞台として世界の知るところとなった。しかしながら、パルミラを知るにあたって最も重要なのは、この遺跡が、世界遺産登録制度が開始してから三年目に早くも世界遺産リストに登録され、今日では消滅した古の都市遺跡が単独で世界遺産として登録された最初の事例のひとつとなるほどの価値を認められていることである。パルミラが、東西の文化交流を発展させた古代国家であったこともあり、政治上の重要な地であったことに、「飛鳥・藤原」の顕著な普遍的価値を見出すにあたって示唆を得ることができるのではないかと考える。

パルミラの歴史

パルミラの地には、旧石器時代から集落が存在していた。なお、紀元前二〇〇〇年ころにはすでにタドモルという名の知れた町として存在していたことが、ユーフラテス川流域で発掘された粘土板により判明している。オアシスに位置するため、ナツメヤシの産地として知られていた。なお、紀元前三世紀ごろから建設されていった多数の地下墓地は、今日までネクロポリス（墳墓地帯）として残る。

やがて、東西貿易の隊商がラクダに物資を載せて行き交うキャラバンの中継地として発展したパルミラは、ペルシアとローマの間の緩衝を成すようになっていった。紀元前一世紀半ばから二七三年まで、ローマの支配下に入ったり独立したりを繰り返すことになる。何れにせよ、街の造り方や建築意匠に関しては、ローマ様式が前面に出るようになっていく。紀元一世紀半ばには、ローマ帝国の皇帝ティベリウス支配下において、シリア属州の一部となったが、その後も重要な交易都市として繁栄する。とりわけシリア属州に隣接するナバテア王国が一〇六年にローマ帝国にアラビア属州として吸収されると、ナバテア王国の中心だったペトラ【註1】からパルミラに通商権が移譲され、関税収入などによってますます発展していった。パルミラは、地中海の向こうのローマと、東方のメソポタミア、ペルシア、インド、中国とを経済的・文化的に中継するシルクロード上の大きな役目を果たしていたのである。

シリア砂漠に残存する古代国家パルミラの遺跡 ©UNESCO

パルミラ遺跡の都市軸線を貫く列柱廊 ©UNESCO

紀元二〜三世紀には、パルミラで大規模な都市の美化がはかられた。今日においても、ディオクレティアヌス城砦跡【註2】と従来ヘレニズムの神殿であったベル神殿とを結ぶ一一〇〇メートルにおよぶ三世紀のローマ式列柱廊は、パルミラの古代都市景観の軸線を構成しており、圧巻の姿を呈する。中心軸となる大通りデクマヌス・マクシムスから左右に延びる通路の数々は、屋根で覆われていたという。中央列柱廊に垂直に走る副軸道の中には、二世紀に造られたが、すでに列柱通りの原型がうかがえるものもある。

紀元三世紀、サッサーン朝ペルシアが勢いづきチグリス・ユーフラテスの河口を占領すると、パルミラにとっては交易都市として先が見えはじめた。ここで、帝政ローマからの独立に挑み、数十年にも満たないごく短い期間、パルミラにはいわば王国が築かれた。パルミラ王国には、ゼノビアという女性がいた。エジプト語、ラテン語、ギリシア語、シリア語、アラビア語に通じ、ローマ東方のシリア属州総督オダエナトゥスの妻であったゼノビアは、パルミラ王国の女王として活躍しこの地を治め、エジプト属州の一部にまで領土を広げたこともあった。二七三年にローマ皇帝の親征を受けて敗北したパルミラは、陥落した。その後、パルミラは衰退し、東ローマ帝国やイスラム帝国の支配下にあった時代には、軍事拠点は築かれたものの、往年の華やかな交易都市は廃墟となった。

もはや東西の交易中継都市としての繁栄は古のものとなったわけであるが、砂漠の中の大きな港のようなこの町に、ゼノビア女王にも匹敵するようなグローバルなコミュニケーション術と知見を身につけた男女が多く生き、ギリシア・ローマ風の衣装、もしくはペルシア風の衣装を身につけ、柱廊の立ち並ぶ街を行き交っていた時代があったことが、パルミラを世界遺産として位置付けるのである。

パルミラ遺跡の顕著な普遍的価値

パルミラ遺跡の世界遺産登録推薦書は、今日の作業基準からしてみると信じられないほど簡単なものであることが事実である。フランス語で作成され、一九七八年にシリア政府が署名して国連教育科学文化機関（ユネスコ）に提出されたもので、推薦書書式を用いた六ページと、地図が一枚、写真が三枚。それだけである。国際比較研究も含まれていない。今日においては情報不備とされそうな内容ではあるが、少なくとも、顕著な普遍的価値をどこに見出しているかは明確である。

今日に至るまで、古の都市構造、特に古代ローマ世界に特有の道割や街の区画を理解するに十分な有形の石造建造物がこの遺跡には残されてきた。そして、大通りの交差路に立つ四面門や列柱廊に見られたような修復が施される一方で、城壁内外の広大な範囲において、これまでシリア内外の考古学チームによる発掘調査が続けられてきた。

一七〜一八世紀にはイタリア、フランス、イギリスの探検家たちがこの地を訪れ、廃墟となった遺跡を発見した。とりわけ一七五一年にパルミラを訪れたイギリスの古物愛好家ロバート・ウッドは、遺跡の詳細なスケッチを残しただけでなく列柱やフリーズのサイズやプロポーションを計測して記録し、一七五三年には報告書として出版している。これは、ローマ建築の研究に寄与し、パルミラ遺跡に残存していた大規模な列柱廊の続くローマ式街路のあり方は、その後のヨーロッパ建築界における新古典主義の隆盛に影響したという。このような後世への学術的な面での大きな影響力が、パルミラ遺跡の顕著な普遍的価値の証明に寄与している。

パルミラは、古代ローマ時代のいわば複合的都市遺産の代表例である。ここにはアゴラがあり、劇場があり、浴場があり、神殿群も残っている。同時に、これらの公共建築やパブリックスペースだけでなく、市民の暮らしていた住居跡も保護され、城壁の外にある広大なネクロポリスも残されており、依然として続く調査研究の対象となっている。

紀元一～三世紀の間には、パルミラは中東における芸術的中心地の一つとして花開き、パルミラ美術と言われるものは、古代ギリシア・ローマ美術と土着の伝統的要素、さらにはペルシア美術の様式も融合した独特なスタイルを形成している。文明の十字路と呼ぶに相応しいこの地で創造された芸術作品の独自性は、とりわけ埋葬彫刻物にみられている。パルミラが栄えたローマ帝国時代、この町の住民は主としてアラブ人であったが、東西で直接交流のあったペルシアとギリシア・ローマの文化の影響を同時に受け、それらを土着の伝統文化に取り入れ、建築だけでなく服装や日常的

大通りの交差路に立つ四面門 ©UNESCO

列柱廊の構造、意匠を特徴づけるローマ式アーチ装飾 ©UNESCO

な習慣に至るまで、折衷様式を享受して暮らしていたとされる。

パルミラが世界遺産リストに登録されるに至った価値根拠は、顕著な普遍的価値のステートメントにおいて明示されている。

・評価基準（ⅰ）ダマスカス北東、シリア砂漠に姿を顕すパルミラ遺跡の壮麗さは、紀元一～三世紀に断続的にローマの支配下にあった豊かなキャラバン・オアシスの、きわめて特徴的な美がそこに結実していることに根拠が見られる。壮大な列柱廊は、そこで大きな芸術的発展があったことを物語る建築上の顕著な例となっている。

・評価基準（ⅱ）一七～一八世紀に旅行者によってパルミラの壮麗さが発見され、ヨーロッパへ伝えられたことは、西洋世界において古典主義的な建築様式のリバイバルが勃興するのに大きく寄与

列柱上部の彫刻 ©UNESCO

遺跡に残存する彫刻の図像 ©UNESCO

した。

・評価基準（iv）都市の中央に位置し壮大な列柱の立ち並ぶ大通り、そこを縦横する屋根付きの側道、中央通りと直角に交わり同様に列柱の立ち並ぶ副軸道、顕著な公共建築、等が、古代ローマ帝国が最も東洋世界と交流を持っていた最盛期の建築や都市計画上のレイアウトを複合的に構成している。ベル大神殿は、紀元一世紀の東方ローマにおける最も重要な宗教建築のひとつとされ、独特の様式を有する。ベル神殿から街中へ抜けるアーチを抱く建造物に施される彫刻は、パルミラ美術の代表例である。街を取り囲む城壁外に広がる墳墓地帯に残された葬送関連の建造物や埋葬品は、特徴的な意匠や建築手法を呈している。

保全管理上の課題

一九八〇年の世界遺産リストへの登録時には、パルミラ遺跡の大半が非常に良い保全状態にあるとの評価を受けている一方で、当時のイコモスは、この古代都市を取り囲む城壁外に位置するネクロポリスやローマ時代の水路・水道橋跡なども価値づけ、保全対象とするため、指定範囲に追加して含めるべきであるとしている。

パルミラ遺跡は、一九三四年から遺跡公園として国家指定のモニュメントとされており、シリアの「遺跡保護法」（一九六四年施行。一九九九年に改正、現在さらに改正準備中）の下に保護されている。二〇〇七年には、世界遺産指定範囲の周囲に緩衝区域となるバッファーゾーンがシリア政府によって設置されたが、世界遺産委員会への提出が遅れた。近年のシリア紛争【註3】を経てなお、遺跡に隣接するタドモルの町の拡大発展に対応するため、共存と景観管理を目し、バッファーゾーンを文化的景観として検討してきている。二〇一七年にようやく、シリア政府による世界遺産指定範囲の小規模な変更申請を受けて、第四一回世界遺産委員会がこれを承認した。新たな指定範囲には、遺跡南側に広がる二つのネクロポリス地帯が加えられ、一九八〇年の登録時のイコモス勧告内容がここで実現されたことになる。同年に、新たに策定されたバッファーゾーンも世界遺産委員会上で承認された。バッファーゾーンは一六八平方キロメートルにおよび、五つの区域に分けられ、景観上の制御をするだけでなく、石材の切り出しやエネルギー関連インフラ施設、上下水道等が埋蔵物に悪影響を及ぼさぬよう、土地利用のあり方が管理されることとなっている。なお、椰子の木立や、埋蔵物に関しても、建物の遺構だけでなく古の水路、石切場跡、隊商ルート跡などを壊さぬよう、配慮をすることとなっている。

おわりに

パルミラ遺跡の存在は、歴史上のある時点において消滅した古代都市ではありながら、数百年後の後世において、所在する地とは別の地域における文化に大きく影響を与えたという点で、顕著な普遍的価値あるものとしての位置づけを確固たるものとしている。

なお、古のパルミラは、複数の大陸から物資が集まり、多様な人びとが行き交い、さまざまな言語が飛び交い、信仰の自由がゆるされ、きわめて寛容で文化多様性に満ちた都市であった。そのような闊達な文明十字路であったからこそ、象徴的なパルミラは、リベラルな思想に憎しみを抱くような武装組織によって攻撃の標的とされることを免れなかったのだろうか。

パルミラ遺跡は、文化間、文明間の交流の証として現存する有形文化遺産の中でも、とりわけ多くの文明間の十字路に立ち「価値観の交流」を育んだ遺跡として代表的なものである。パルミラに想いを馳せるとき、古代世界におけるグローバリゼーションがどれだけの規模で発展し、その発展が、いかに文化多様性の受容の上でこそ成り立っていたものであるかという事実に、私たちは気づくのではないだろうか。破壊を経ても残存する遺跡の強靭な姿から、時空を超えてなお普遍的な、人類の叡智のあり方を深思することができよう。

註

1　今日のヨルダン西部に遺跡が残り、一九八五年に世界遺産に登録。

2　パルミラ王国が二七三年にローマ帝国に討伐されたのち、パルミラはローマ皇帝ディオクレティアヌスによって対ペルシア軍営の基地とされ、その頃にかつて交易都市であった町の周囲に城壁が築かれた。

3　シリア内戦が激化していた二〇一三年、パルミラ遺跡は世界遺産の「危機遺産リスト」にも加えられた。その後、二〇一五年春にISILがパルミラを占拠してからは、最高神ベルを祀るベル神殿やバール・シャミン神殿の内陣、その周囲の遺跡、現地の博物館所蔵品など、多くの文化財が意図的に破壊され、プロパガンダにも使われた。二〇一七年春にシリア政府軍がパルミラを奪回してからは、シリア政府の遺跡・博物館局が修復・復元へ向け「二〇一八〜二〇二〇復興プラン」を策定し、国際的な資金協力が世界遺産委員会より各国に働きかけられている。

参考文献（すべて英文）
『パルミラ遺跡世界遺産登録推薦書』シリア・アラブ共和国政府、一九七八年
『世界遺産登録推薦書に関するイコモス評価書』一九八〇年、二〇一七年
『パルミラ遺跡の世界遺産指定範囲の小規模変更申請書』シリア・アラブ共和国政府、二〇一七年
「パルミラ遺跡の保全状況に関する短期調査報告書」ユネスコ、二〇一六年
「シリアの世界遺産の保全状況報告書」シリア・アラブ共和国政府、二〇一九年
パルミラ遺跡に関する一連の世界遺産委員会作業文書および決議、二〇一三〜一九年

「飛鳥・藤原」をめぐる議論
日本古代への国際的理解をさらなる深みへ

西村幸夫
日本イコモス国内委員会前委員長

これまでの経緯

世界文化遺産に関する日本の暫定一覧表はこれまでに一九九二年の世界遺産批准時、一九九五年に原爆ドームを追加した際、二〇〇一年時点、さらに二〇〇六年から二〇〇七年にかけて、いずれも世界文化遺産の候補となるべき資産について、順次改訂されている。

「飛鳥・藤原の宮都とその関連資産群」（以下、「飛鳥・藤原」という）は、二〇〇六年の暫定一覧表改定にあたって提案に応じた二四資産のひとつで、二〇〇七年一月に、「飛鳥・藤原」を含む四資産が暫定一覧表に追加搭載されることが決まった。「飛鳥・藤原」以外には、「富岡製糸場と絹産業遺産群」、「富士山」、「長崎の教会群とキリスト教関連遺産」の三資産が選定されている。これら三資産は、よく知られているように、その後の国内推薦を経て、すでに世界遺産リストに搭載されている。

この時、主張された「飛鳥・藤原」の顕著な普遍的価値（ＯＵＶ）は、二〇〇六年一一月の提案書【註1】によると、「宮都、庭園、寺院、古墳の設計・構造・仕様の精神的・物的背景に東アジア世界諸国との強い交流が認められる」ことから価値基準（ⅱ）［評価基準表は60ページを参照］を、「古代日本形成に直接かかわった遺産であり、その後の文化に深い影響を及ぼし、現代社会と密接な関係を有する」ことから価値基準（ⅲ）を、「我が国の律令国家発祥からその形成過程を解明できる地である」ことから価値基準（ⅳ）を、それぞれ提案している。さらに、「我が国初の歌謡である万葉集に多く詠まれ、特に名勝大和三山は古代から現代にいたるまで変わることのない優れた景観・眺望を有している」ことに触れ、文化的景観に該当していることにも触れている。

この提案に対して、審議にあたった文化庁の文化審議会文化財分科会世界文化遺産特別委員会（当時）は、二〇〇七年一月に発表された審査結果において、「本資産は日本の古代国家の形成過程を明瞭に示し、中国大陸及び朝鮮半島との緊密な交流の所産である一群の考古学的遺跡と歴史的風土から成り、両者が織りなす文化的景観としても極めて優秀であることから、顕著で普遍的価値を持つ可能性は高い」【註2】と評価している。考古遺跡としてのみならず、文化的景観としての価値について触れている点が興味深い。

筆者は二〇〇一年以降の世界文化遺産の暫定一覧表の改定プロセスに文化庁の委員会メンバーとして連続して参加してきた。議論においては、一九九四年に示されたいわゆるグローバルストラテジー、すなわち、文化遺産の多様性を示すために、従来世界遺産リストに搭載されることの少ない文化遺産類型を評価するという当時の世界的潮流に沿って、それまで日本の世界遺産リストに搭載された遺産とは重複しない文化財の類型や対象となる時代を意識的に選定してきたという傾向があったといえる。

その結果、産業遺産や文化の道、聖なる山などと並んで、暫定一覧表のうえで比較的手薄であった古代日本を示す資産が選ばれたということができる。

また、二〇〇六年から二〇〇七年にかけての暫定一覧表の改定に当たっては、当時、複数の構成資産を用いて顕著な普遍的価値に関するストーリーを構成することが世界的に主流になっていたことも影響してか、自治体には複数の資産で世界文化遺産を提案することが条件として示されていた。このことによって文化庁としては、守るべき文化財をより広範にカバーしようとしたという目論見もあったと思われるが、この条件を課せられたために、世界文化遺産への提案がより広範囲なものとなり、その後の提案書作成が非常に手間と時間がかかるものとなったということも言える。

その後、「飛鳥・藤原」は長い推薦書検討期に入るが、直近では二〇一九年二月にまとめられた世界遺産への推薦書素案【註3】において、「日本における国家形成の中で、古来の宮から初の方格状の中国式都城を実現した変遷の様子を詳細に伝えており、東アジアにおける都城の確立を理解するうえで不可欠の遺産」であるという点を強調している。これは評価基準（ii）（iii）（iv）にあたるとしている。

また、「日本最古の正史である『日本書紀』、『続日本紀』、律令法典、日本最古の歌集『万葉集』といった史料に記載された国家の実像を証明できる、稀有な価値を有する」点から、評価基準（vi）を提案している。

ただし、推薦書の文案は今後の専門委員会の議論によっては、変更の余地が少なくないので、最終的にどのような論理を立てていくことになるのかはまだ確定しているわけではない。

「顕著な普遍的価値」と資産構成

周知のように、世界遺産の議論では、その顕著な普遍的価値を証明するための構成資産はすべて不動産でなければならないことになっている。なぜなら、動産文化遺産や無形文化遺産を守るための国際的な枠組みは別に用意されているからである。古代国家の形成という壮大な物語を周辺地形などの要因以外はほとんど考古学的遺跡群のみを用いて、語り尽くさなければならないのである。そしてそこで過不足なく物語と構成資産とが対応していなければならない。

当然のことながら動産である『日本書紀』や『続日本紀』、『万葉集』そのものは、構成資産の意味や価値を証明するための証拠として推薦書のなかで強調することはできても、構成資産そのものとはなりえない。

「飛鳥・藤原」では、構成資産一覧［26ページ］で示すように、現時点においては、二〇の構成資産で提案を行うことが想定されている。それらは時期的には飛鳥宮期の一二資産と、藤原宮期の八資産に分けることができる。

これら二〇資産を類型別に見ると、宮都（四代にわたる飛鳥宮跡・藤原宮跡と藤原京朱雀大路跡）とその付属施設（酒船石遺跡・飛鳥水落遺跡・飛鳥京跡苑池・大和三山）、寺院（飛鳥寺跡・橘寺境内・川原寺跡・山田寺跡・檜隈寺跡・本薬師寺跡・大官大寺跡）、古墳（石舞台古墳・菖蒲池古墳・牽牛子塚古墳・キトラ古墳・高松塚古墳・中尾山古墳・野口王墓古墳）に分けることができる。

なぜ宮と寺院と古墳の三つの類型で必要十分かというと、「飛鳥・藤原」登録推進協議会資料によると、隋・唐時代の中国では、宮城・都城を構え、皇帝の陵園を決め、都城内に国家的シンボルとなる塔を備えた仏教寺院を構えることが国家体制を整えることを意味していたからである。当時の日本（そもそも日本という国家の名称そのものもこの時代に始まった）をはじめとする中国周縁の東アジア諸国は七世紀から八世紀にかけての激動の中で、こうした形で国家の体制を整えていくことが文化の趨勢だったということである。

こうして世界文化遺産の構成資産群がみごとに国家体制確立の物語を示すことになるという仕組みである。

複数の構成資産から成るいわゆるシリアルノミネーションは、近年、審査が格段に厳しくなってきている。その理由は、シリアルノミネーションによってよりスケールのおおきな物語を描きやすくなるため、このところ世界遺産推薦のほとんどが複数の構成資産によってOUVを描き出す戦略を取っているが、構成資産の数が増えることによって審査の手間が増え、構成資産として含まれるべきか否かの判断が難しくなるからである。

加えて近年は、個々の構成資産それぞれが、提案されている価値基準のすべてに適合しなければならないという運用がイコモスによって行われているため、シリアルノミネーションの審査はさらに厳格になってきている。

近接した時代の日本の世界文化遺産と比較しても、同時代の「法隆寺地域の仏教建造物」［一九九三年、価値基準（ⅰ）（ⅱ）（ⅳ）（ⅵ）、以下「法隆寺」という］、すぐまえの時代の「百舌鳥・古市古墳群」［二〇一九年、価値基準（ⅲ）（ⅳ）］、すぐあとの時代の「古都奈良の文化財」［一九九八年、価値基準（ⅱ）（ⅲ）（ⅳ）（ⅵ）、以下、「古都奈良」という］はいずれも多数の構成資産から成るシリアルノミネーションであった。

「法隆寺」の一一の構成資産はすべて木造の寺院建築であるし、「百舌鳥・古市古墳群」の場合も同様に、四九の構成資産はすべて古墳であるので、比較的理解しやすい。

これに対して、「古都奈良」は寺院、神社と後背の森、そして宮跡という異なった種別の八つの構成資産をつなぐというやや理解しにくい構成となっている。「古都奈良」のOUVの論理は、八世紀日本の文化遺産の精華が奈良に集中している、というものであった。「古都奈良」に続く時代には京都が日本文化の源となったので、当時すでに世界遺産リストに搭載されていた「古都京都の文化財」［一九九四年、価値基準（ii）（iv）、以下、「古都京都」という］のOUVの論理と同じように、奈良時代の日本においては奈良が日本文化の発信源であったので、奈良に集中している資産を列挙することが「古都奈良」のOUVの証となるという論理は、（少なくともその時点の審査基準に照らし合わせてみる限り）十分説得力のあるものだったので、比較的スムーズに登録が実現したといえる。

2019年に世界遺産に登録された「百舌鳥・古市古墳群」。右は最大規模の仁徳天皇陵古墳

これと比較すると「飛鳥・藤原」の場合は、古代国家形成という壮大な物語をもとにしなければ時代的な輪切りも説得力を持たないという問題がある。かといって同種の構成資産による輪切りはそもそも不可能である。審査基準も要求される諸資料の精度も当時と比較して格段に厳しくなってきている。ここに「古都奈良」や「古都京都」とは異なった「飛鳥・藤原」のＯＵＶを巡る論理構築の難しさがある。

本書におけるこれまでの議論

本書の各章は、それぞれの視点から「飛鳥・藤原」への多様なアプローチがあり得ることを示している。

木下正史氏は、考古学の立場からの立論であるが、同時に木下氏は「飛鳥・藤原」登録推進協議会内に設けられた専門委員会の委員長でもあるので、現時点における専門家の議論を取りまとめたものという性格ももっている。

飛鳥盆地に初めて造営された宮は推古天皇による豊浦宮（五九二年）であり、ここから飛鳥宮の時代が始まる。なぜ飛鳥の地が選ばれたかというと、ここが当時権勢を誇った蘇我氏の本拠地だったからで、推古天皇も蘇我馬子の姪だった。ここに古墳時代は終焉を迎え、渡来人の先進的な文化を背景とした新しい時代が始まる。そしてその新しい時代とは、当時の隋や唐、朝鮮半島の百済・高句麗・新羅・伽耶の政治情勢とも密接に関連していたと説く。

つまり、日本の古代国家の誕生は東アジアの国際情勢の中で中国周縁国がたどったひとつの道を描くものとして、良好に遺存している考古学遺跡をもとに、ひとつの物語を描くことでＯＵＶを獲得することができることになる。たとえば高松塚古墳やキトラ古墳の壁画は、中国の宇宙観に基づく図像であり、「飛鳥・藤原」の時代の国際的な文化交流を示す例証として貴重であるといえる。ひとつの国家の建設の物語であれば、国の数だけあるわけなので、国家的な重要性はもちろん十分ではあるが、国際的な意義を説く必要がある。木下氏が説く東アジア世界の物語は、国際的な秩序や哲学、信仰がいかに伝播したかを示すものとして、たしかに一国を超えた意味を見出すことができるといえるのではないだろうか。

木下正史氏の論文を受けて、持田大輔氏は二〇の構成資産候補を、ロマンをもったひとつづきの物語として綴っていく。たとえば、野口王墓古墳が藤原宮の中軸線上に造営されていることから、広範囲の都市計画から個々の古墳の物語まで描き出している。

朝堂院南門跡と大和三山のひとつ香久山（橿原市）

朝堂院南門跡の視察風景。右から筆者、松浦氏、木下氏、五十嵐氏、持田氏

さらに飛鳥・藤原地方では現在もまだ日々考古学遺跡が発見され続けていることや、それらの遺跡が『日本書紀』などの歴史書を具体的に裏付ける資料ともなっている。こうした濃密な宝箱のような土地として「飛鳥・藤原」があるということを力説している。

ただ、固定した構成資産でスタティックに論じなければならないのが世界遺産の推薦書のスタイルなので、「飛鳥・藤原」の日々発見され続ける考古学遺跡をどのようにその論理の中に位置づけるのかは工夫のいるところではあるだろう。

岩槻邦男氏は、事物の総体としての回答を手掛かりが乏しい中で推量していかなければならないというみずからのナチュラルヒストリアンとしての科学的視点で、「飛鳥・藤原」の歴史を語る議論にユニークな論点を投げかけている。

日本という縁辺の島国という自然環境が、各所から流れ着いてくる人々を受容し、次第に日本人というものを形成し、同時に固有の文化を育てていったというのである。こうした環境で生まれた文化は、飛鳥時代に、自然との共生という生活文化のあり方を生み出したとするならば、この時代は日本人の「こころ」が明示されるようになる時代だったということができる。

岩槻氏はここで、古代国家の形成プロセスという世界遺産の論議を超えて、さらに根源的な日本人の心性の形成プロセスを「飛鳥・藤原」に見ようとしているのである。つまり、世界遺産の議論よりもより重要な問題提起を「飛鳥・藤原」はしてくれているのではないか、という指摘である。

それは裏を返すならば、世界遺産の議論は、こうした「こころ」の問題にまで至ることができないというおのずからの射程の限界を有しているのであり、世界遺産の議論をする人間はそのことに自覚的であるべきだという指摘でもある。このことは、世界遺産の議論を矮小化することを意味するのではなく、むしろ逆に、世界遺産の地平の先に、さらに根源的な議論をする余地があることを私たちに示すものであると思う。残念ながら、世界遺産では『万葉集』について正面から語ることはできないのである。

五十嵐敬喜氏の議論は、別の意味でやはり根源的な問いかけから始まる。すなわち、「飛鳥・藤原」は律令体制を空間化したところにその意義があるとすれば、そのおおもとには宮都の建設というハードとそこでの秩序の根源である天皇制という千数百年続く日本固有のソフトを車の両輪として進められたということをはずすわけにはいかない、という指摘である。

「飛鳥・藤原」のOUVを論じるにあたっては、古代国家の形成という物語の主要部分を占めるはずの天皇制の議論を正面から行うことが避けられないのではないかという指摘である。

ここでもまた、私たちは世界遺産の構成資産は不動産に限られるという議論の制約に直面する。「飛鳥・藤原」が提示する壮大な物語は、世界遺産には収まり切れないのではないかという問いかけ、あるいは逆に、天皇制という制度の物語をいかにハードの構成資産の中で語る工夫をしていくかという問いかけの問題でもある。

飛鳥時代の美術史に関する竹下繭子氏の論文もまた、世界遺産の枠組みを超えた議論を提起している。仏像をはじめとして日本美術の傑作が多く生み出された飛鳥時代とりわけ白鳳時代(これらの呼称そのものが美術史由来であると竹下氏は指摘している)を、どう評価すればいいのか——この時代が、唐や朝鮮半島の文化を受容しながら、独自の日本文化を形成した時代だとするならば、その結実は仏像など、不動産以外にも拡がることは当然である。

竹下氏はまた、「飛鳥時代の美術がみずみずしい生命力に溢れているのは、激動の時代の産物であるからだろう」[120ページ]と述べている。国際関係の激動の中で、変化を受け入れる柔軟性が必要だったからだろうか。国際関係のダイナミズムはたんに世界遺産の構成資産候補の物語を超えて、多様に拡がっているとすると、岩槻氏の論文同様、竹下氏の論考においても、不動産に限定された議論に固執しなければならないことの窮屈さを感じざるを得ない。

同様の印象は万葉集と飛鳥・藤原の関係を論じる井上さやか氏の論文にも共通している。地名としてのアスカにかかる枕詞としての「飛ぶ鳥（の）」という表現は、多くの鳥が飛ぶ豊かな地に対する誉め言葉に由来するという。それがそのまま地名の「飛鳥」として定着していったということは、万葉集に見られるひとつの地域イメージの表現がいかに固有の地名としてしっかりと定着していったかということを示すゆるぎのない証拠である。飛鳥という地名そのものに私たちの先祖はどのように土地を認識していったのかという過程が凝縮しているといえる。

井上氏はさらに続けて、「そもそも日本文学は異なる言語や文化が交錯することで育まれたものであった」［105ページ］と指摘し、そのひとつの結晶として『万葉集』があると言う。ここでも世界遺産の枠組みをはるかに超えた言葉そのものの文化遺産的価値が称揚されているのである。

他方、考古学遺跡の保存やその基盤となる基礎的な研究に関しては、飛鳥・藤原では、膨大な数にのぼる発掘遺物をもとにした、世界に類を見ないほどの精密な編年が可能となっており、保存技術の蓄積も顕著である。その一端を、建石徹氏が紹介する高松塚古墳の石室と壁画の保存の事例に垣間見ることができる。

世界に冠たる考古研究の成果が飛鳥・藤原の細部にわたる物語を可能にしている。

顕著な普遍的価値の今後の議論へ向けて

本書における議論をここまで追ってきて、あらためて世界遺産としての顕著な普遍的価値を議論することの意味と限界を考えざるを得ない。日本の古代国家の形成という日本の歴史や文化、社会、さらに言うと日本人の心性の問題など、あらゆる側面で根源的な物語を語るにあたって、不動産に限定した議論を行わなければならないということはどのような意味を持っているのか。

あらためて原点に戻って世界遺産リストの存在意義を考えると、当初は、世界の宝として国際社会が一致して保存措置をとることが望ましい資産の一覧という趣旨で始まったものの、各国による登録レースが熱を帯びてきたために、次第に文化の多様性の一覧表といった色彩を強めてきたという歴史がある。

つまり、当該資産を世界遺産リストに搭載することが、リストそのものが世界の文化の多様性をバランスよく代表することに貢献するのか、という視点で見てみるということである。こうした視点を持つことによって、一国主義に陥ることを回避できることになる。

文化多様性の視点からここまでのＯＵＶに関する議論を振り返ると、古代日本の国家形成や日本文化や日本人の感性の形成史におけるメルクマールという大きな議論は国内的には意義深いとしても、国際社会に対してどのようなメッセージを送ることになるのかといった視点は忘れ去られがちだと言わざるを得ない。

「飛鳥・藤原」は東アジアにおける都城の成立プロセスを示すひとつの有力な資産であることは明らかである。日本に律令国家が成立したことの東アジア地域における意味を明らかにする作業はすでに相当程度なされてきているといえるが、これに加えて、日本に律令国家が成立したことの東アジア地域における意味を明らかにする努力のほか、日本の文化や社会、日本人の精神世界などの個性を、国際的な視野で論じる必要もあるだろう。五十嵐氏が指摘しているように天皇制が千数百年継続して、現在に至っていることの意味もやはり国際的な文脈で考える必要がありそうである。

こうした議論を、少なくとも推薦書作成の段階で掘り下げて行うことによって、ＯＵＶの論理はさらに強固なものになっていくことになると考える。

また、より実際上の課題として、この地域には歴史年代的にも近く、地理的にも近い世界文化遺産である「百舌鳥・古市古墳群」、「法隆寺」、「古都奈良」が存在しているので、それぞれの資産の論理との棲み分けも明確になされる必要があるだろう。特に、「法隆寺」とは時代も、仏教遺産という内容の部分も重複するので、建築物群と考古遺跡といった両者の資産の差別化を明確にする必要があるだろう。

同時に、古墳時代と奈良時代の間にあって、両者を橋渡しする「飛鳥・藤原」の意義をうまく論理化する必要もある。また、その議論を文化的景観の枠組みでも論じることができるのが「飛鳥・藤原」のもうひとつの特質と言えるだろう。

最後に、こうした議論をどこまで不動産の物語として構築できるかをもう一度確認する必要がある。いずれにしても、こうした作業は「飛鳥・藤原」をインターナショナルな視点で評価しなおすまたとない機会であることは疑いがない。世界遺産登録のための一連の作業が、日本古代の理解のさらなる深化におおきく貢献することを期待したい。

註

1　「飛鳥・藤原―古代日本の宮都と遺跡群」『世界遺産暫定一覧表記載資産候補提案書』明日香村・桜井市・橿原市・奈良県、二〇〇六年一一月

2　『世界文化遺産特別委員会における調査・審議の結果について』文化庁文化審議会文化財分科会世界遺産特別委員会、二〇〇七年一月二三日（別紙４「世界遺産暫定一覧表に追加記載することが適当とされた文化資産」）より）

3　『「飛鳥・藤原の宮都とその関連資産群」推薦書（素案）』（奈良県、二〇一九年二月）「顕著な普遍的価値の言明」の項（Ｅ二～四ページ）

大和三山のひとつ畝傍山（橿原市）

写真提供

世界遺産「飛鳥・藤原」登録推進協議会
p. 10; p. 11[上]; p. 15; p. 31; p. 34: p. 35[上];
p. 39[下]; p. 58; p. 69[上]; p. 91

明日香村教育委員会
p. 8; p. 11[下]; p. 14; p. 30; p. 35[下]; p. 38; p. 39[上];
p. 42; p. 50; p. 69[下]; p. 111[1]; p. 114[下];
p. 119[5]; p. 124[上]; p. 125; p. 128; p. 129

橿原市
p. 159[上]; p. 165

奈良文化財研究所
p. 14; p. 94; p. 111[2]; p. 114[上]

奈良県立万葉文化館
p. 106

文化庁
p. 132; p. 133; p. 136

飛鳥園
p. 119[6, 7]

戸矢晃一
p. 60; p. 86; p. 159[下]

図版出典

p. 9
『牽牛子塚古墳発掘調査報告書』(明日香村教育委員会、2013年)

p. 19
『飛鳥・藤原京展』(奈良文化財研究所・朝日新聞社、2002年)を参考に作成

著者紹介

岩槻邦男　いわつき・くにお

1934年兵庫県生まれ。兵庫県立人と自然の博物館名誉館長。日本植物学会会長、国際植物園連合会長、日本ユネスコ国内委員などを歴任。94年日本学士院エジンバラ公賞受賞。2007年文化功労者。16年コスモス国際賞受賞。著書に『生命系』（岩波書店）、『ナチュラスヒストリー』（東大出版会）など。

松浦晃一郎　まつうら・こういちろう

1937年山口県出身。外務省入省後、経済協力局長、北米局長、外務審議官を経て94年より駐仏大使。98年世界遺産委員会議長、99年にアジア初となる第8代ユネスコ事務局長に就任。著書に『世界遺産：ユネスコ事務局長は訴える』（講談社）、『国際人のすすめ』（静山社）など。

五十嵐敬喜　いがらし・たかよし

1944年山形県生まれ。法政大学名誉教授、日本景観学会前会長、弁護士、元内閣官房参与。「美しい都市」をキーワードに、住民本位の都市計画のありかたを提唱。神奈川県真鶴町の「美の条例」制定など、全国の自治体や住民運動を支援する。著書に『世界遺産ユネスコ精神　平泉・鎌倉・四国遍路』（編著、公人の友社）など。

西村幸夫　にしむら・ゆきお

1952年福岡県生まれ。神戸芸術工科大学教授、東京大学名誉教授。日本イコモス国内委員会前委員長。専門は都市計画、都市保全計画、都市景観計画。著書に『西村幸夫　文化・観光論ノート』（鹿島出版会）、『都市保全計画』（東大出版会）、『世界文化遺産の思想』（共著、東大出版会）など。

木下正史　きのした・まさし

1941年東京都生まれ。東京学芸大学名誉教授、明日香村文化財顧問、世界遺産「飛鳥・藤原」登録推進協議会専門委員会委員長。1970年から90年まで飛鳥・藤原地域の発掘調査に携わる。著書に『藤原宮』（中央公論新社）、『日本古代の歴史1　倭国のなりたち』（吉川弘文館）など。

持田大輔　もちだ・だいすけ

1979年島根県生まれ。奈良県地域振興部文化資源活用課主査。奈良県立橿原考古学研究所主任研究員を兼務。世界遺産「飛鳥・藤原」登録推進協議会事務局担当。専門は日本考古学。

井上さやか　いのうえ・さやか

1971年宮崎県生まれ。奈良県立万葉文化館指導研究員。中京大学非常勤講師などを経て現職。専門は『万葉集』を中心とした日本文学・日本文化。著書に『山部赤人と叙景』（新典社）など。

竹下繭子　たけした・まゆこ

1980年熊本県生まれ。奈良県地域振興部文化資源活用課学芸員。奈良大学非常勤講師などを経て現職。専門は仏教美術史、東アジア文化交流史。

建石 徹　たていし・とおる

1969年東京都生まれ。奈良県地域振興部次長（文化資源担当）。文化庁古墳壁画対策調査官などを経て現職。専門は考古学、保存科学。編著書に『キトラ古墳壁画』（朝日新聞社）など。

岡橋純子　おかはし・じゅんこ

聖心女子大学国際交流学科准教授。専門は文化遺産学、文化政策論、都市論、国際文化協力論。国連教育科学文化機関（ユネスコ）本部文化局・世界遺産センターのプログラム専門官、筑波大学准教授を経て現職。

企画協力
奈良県、橿原市、桜井市、明日香村
世界遺産「飛鳥・藤原」登録推進協議会

編集協力
戸矢晃一、真下晶子

日本の古代国家誕生
飛鳥・藤原の宮都を世界遺産に

2019年12月3日　初版第一刷発行

編著者：五十嵐敬喜、岩槻邦男、西村幸夫、松浦晃一郎

発行者：藤元由記子
発行所：株式会社ブックエンド
〒101-0021
東京都千代田区外神田6-11-14 アーツ千代田3331
Tel. 03-6806-0458　Fax. 03-6806-0459
http://www.bookend.co.jp

ブックデザイン：折原 滋（O design）
印刷・製本：シナノパブリッシングプレス

ISBN978-4-907083-57-1

BOOKEND